车载双足机器人直立平衡的踝关节仿生控制研究

尹凯阳　著

吉林大学出版社
·长春·

图书在版编目(CIP)数据

车载双足机器人直立平衡的踝关节仿生控制研究 / 尹凯阳著. — 长春 : 吉林大学出版社, 2023.3
ISBN 978-7-5768-1542-9

Ⅰ. ①车… Ⅱ. ①尹… Ⅲ. ①仿生机器人—运动控制—研究 Ⅳ. ①TP242

中国国家版本馆 CIP 数据核字 (2023) 第 049216 号

书　　名：车载双足机器人直立平衡的踝关节仿生控制研究
CHEZAI SHUANGZU JIQIREN ZHILI PINGHENG DE HUAIGUANJIE FANGSHENG KONGZHI YANJIU

作　　者：尹凯阳
策划编辑：邵宇彤
责任编辑：陈　曦
责任校对：单海霞
装帧设计：优盛文化
出版发行：吉林大学出版社
社　　址：长春市人民大街 4059 号
邮政编码：130021
发行电话：0431-89580028/29/21
网　　址：http://www.jlup.com.cn
电子邮箱：jldxcbs@sina.com
印　　刷：三河市华晨印务有限公司
成品尺寸：170mm×240mm　　16 开
印　　张：11.25
字　　数：200 千字
版　　次：2023 年 3 月第 1 版
印　　次：2023 年 3 月第 1 次
书　　号：ISBN 978-7-5768-1542-9
定　　价：78.00 元

前　言

双足机器人作为典型的智能机器人，已广泛应用于军事训练、工业制造、医疗服务和交通运输等领域。车载作为主要的交通运输模式，也是双足机器人常见的活动场景。车载平台的加速或减速运动会对车载双足机器人造成直立平衡干扰。目前双足机器人直立平衡控制研究较少，大多从基于模型和基于行为的角度出发，控制方法过于依赖双足机器人和其所处环境的模型构建，其自适应性和鲁棒性较差。将人体神经肌肉控制机制应用于车载双足机器人的直立平衡控制，提高实际直立平衡控制性能的仿生控制研究，具有重要的理论意义和较大的工程应用价值。

本书采用“理论、仿真、试验”相结合的思路，以车载双足机器人为研究对象，对车载双足机器人运动控制中的重要问题——踝关节直立平衡控制方法进行了深入研究。主要工作和研究结果如下：

（1）针对人体神经肌肉激活模型环路复杂且涉及模型参数繁多的问题，采用分层结构控制方法，构建了人体直立平衡踝关节肌肉分层激活模型（简称“肌肉分层激活模型”），并提出了获取肌肉牵张反射激活分量、姿态补偿激活分量和肌肉激活量等方法；针对模型输入信号与肌肉激活量不同步的问题，提出了肌肉分层激活模型的时间延迟估计方法；提出了肌肉分层激活模型增益参数优化策略，进一步提高了肌肉分层激活模型对肌肉激活量的估计精度；通过试验验证了肌肉分层激活模型的精确性，精度可达到93%。肌肉分层激活模型可通过人体运动信号直接获取踝关节肌肉激活量，为车载双足机器人仿生控制奠定了基础。

（2）针对常用的双足机器人控制方法存在灵活性和鲁棒性较差等问题，在给出双足机器人踝关节直立平衡控制性能评价指标“抗扰周期和摆动范围”的基础上，以肌肉分层激活模型为基础，研究并提出了基于踝关节肌肉驱动机制的直立平衡仿生控制方法（简称“直立平衡仿生控制方法”）。该仿生控制方法模拟人体跖屈肌肉群和背屈肌肉群的作用机制，通过构建虚拟肌肉激活模型估计虚拟肌肉激活量，通过构建虚拟肌肉力学模型得到相应的虚拟肌肉作用力，再通过构建踝关节驱动模型估计车载双足机器人直立平衡控制所需的踝关节期望作用力矩，作用于双足机器人踝关节，使得车载双足机器人在较小车载平台加速或减速运动时，能快速、准确地恢复到初始的直立平衡位置。构建了车载双足机器人直立平衡控制仿真试验平台，验证了直立平衡仿生控制方法的有效性和鲁棒性。

（3）针对车载双足机器人负载发生变化时直立平衡控制性能变差的问题，研究并提出了基于模糊插值推理的直立平衡自适应仿生控制方法。借鉴教育学中的经验学习教学法，提出了基于经验学习的模糊插值推理算法，当双足机器人负载发生变化时，通过模糊插值推理，更新直立平衡仿生控制方法中虚拟肌肉激活模型增益参数，保持车载双足机器人直立平衡控制效果，使得直立平衡仿生控制方法具备自适应控制能力，并进行了仿真验证。

（4）针对直立平衡仿生控制方法中肌肉力学模型结构复杂且包含许多不易观测的变量的问题，将双足机器人踝关节简化为由惯性、阻尼与弹性单元组成的二阶阻抗模型，改进了车载双足机器人直立平衡仿生控制方法，提出了基于时变参数阻抗模型的直立平衡仿生控制方法。通过构建踝关节时变参数阻抗模型获取踝关节抗扰力矩，构建车载双足机器人倒立摆模型，计算踝关节动态作用力矩，二者一起确定直立平衡控制过程中踝关节期望作用力矩。在构建的车载双足机器人直立平衡控制仿真试验平台上，完成了仿真试验，结果表明该控制算法提高了双足机器人的直立平衡控制性能。

（5）构建了车载双足机器人直立平衡控制试验平台，在完成踝关节力矩跟踪试验（力矩跟踪精度达到了98.7%）的基础上，完成了三种直立平衡仿生控制试验和基于神经网络学习的直立平衡控制试验。试验结果表明，四种控制方法均能满足车载双足机器人直立平衡控制要求，其中三种仿生控制算法直立平衡控制效果都优于基于神经网络学习的直立平衡控制方法，且基于时变参数阻抗模型的直立平衡仿生控制方法效果最好。

本书完成了车载双足机器人直立平衡的踝关节仿生控制研究，在理论研究、计算机仿真和试验平台搭建等方面都进行了有益的探索，为双足机器人在交通运输行业的推广应用奠定了研究基础。

目 录

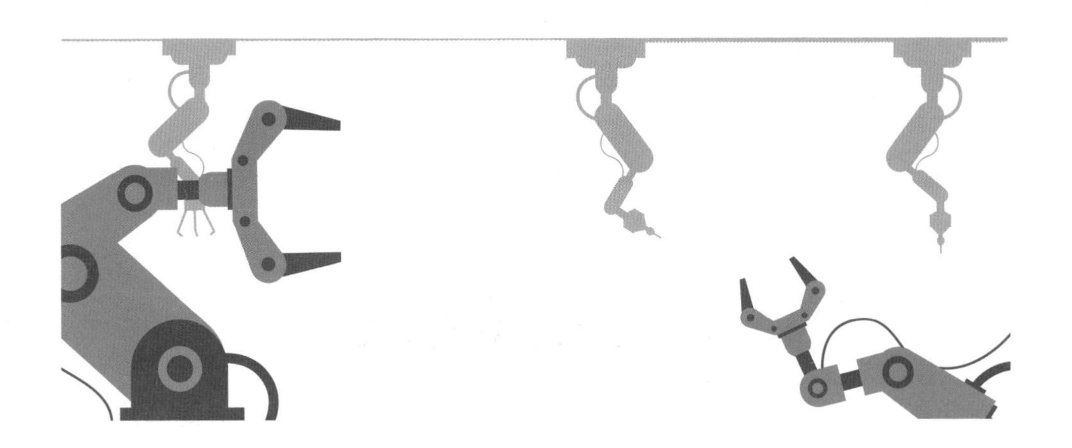

第1章　绪论

1.1 研究背景及意义

长期以来，人类一直希望并努力研制机器装置替代人类从事繁重、枯燥以及涉及自身安全的工作，进而解放人类劳动力，机器人便是这一美好愿望的最好体现。机器人作为21世纪极具代表性的先进制造成果，已广泛应用于军事训练、工业制造、医疗服务、交通运输等领域。随着社会的不断进步，人口老龄化和制造产业转型升级等挑战日益显现，这对机器人研究的自动化、智能化等提出了更高的要求。对此，“中国制造2025”战略规划将机器人确定为重点研究领域之一，以促进和推动机器人产业的快速健康发展。

国内双足机器人的研究水平相比美日等发达国家还存在不小的差距，主要表现为行走速度慢、功能单一和稳定性差等。国内外对双足机器人的研究主要集中于平稳地面活动、完成预期的运动控制任务。车载作为主要的交通运输模式，必将成为双足机器人常见的活动场景，而车载平台上工作的双足机器人（简称“车载双足机器人”）的运动控制研究成果较少。双足机器人直立平衡是指直立状态下的双足机器人在受到外界干扰时，能动态调节保持平衡，是双足机器人运动控制的基本问题。影响车载双足机器人直立平衡的扰动因素主要是车载平台的加速或减速度运动。因此，本书以车载双足机器人为研究对象，研究车载双足机器人直立平衡的踝关节控制方法，对提升双足机器人的动态平衡能力具有重要的现实意义。

为了实现双足机器人的直立平衡控制，研究者们提出了多种直立平衡控制方法，归纳起来主要有基于零力矩点、基于动量平衡、基于捕获点理论和基于智能控制理论等双足机器人直立平衡控制。上述平衡控制理论的单独或组合作用，能够实现不平坦地面、较大外力等干扰下的直立平衡控制，但是需要依托复杂的动力学模型或大量试验训练数据，很难保证实际直立平衡控制效果。双足机器人直立平衡控制面临的主要问题是：第一，双足机器人结构复杂，具有系统非线性和结构多变性等特点，其运动状态评估涉及大量传感器信息，给双足机器人的运动控制带来了巨大的挑战；第二，现阶段的双足机器人直立平衡控制方法大多从基于模型和基于行为的角度出发，使得控制方法过于依赖双足机器人和其所处环境的模型构建，自适应性和鲁棒性较差，很难满足车载双足机器人直立平衡控制要求。

人类经过数万年的进化，已具备完善的保持身体平衡的神经肌肉控制策略。人体面对具体干扰时，如何进行平衡控制策略选择，背后蕴含着复杂的神经决策机制。总体上来说，根据干扰的不同程度，人体可采取踝关节、髋关节和跨步三大控制策略。其中，微小扰动时，采用踝关节控制策略，神经控制系统通过刺激踝关节的跖屈肌肉群和背屈肌肉群产生收缩动作，提供给踝关节期望作用力矩，实现人体踝关节直立平衡控制。人体神经肌肉控制机制为车载双足机器人直立平衡仿生控制研究奠定了理论基础。

综上所述，本书以车载双足机器人为研究对象，仿照人体踝关节神经肌肉控制机制，获取虚拟肌肉激活量，以不同车载平台加速或减速运动为扰动因素，研究车载双足机器人直立平衡的踝关节仿生控制。本书在构建人体直立平衡踝关节肌肉分层激活模型（简称“肌肉分层激活模型”）的基础上，针对常用的双足机器人直立平衡控制方法灵活性、鲁棒性较差等问题，研究并提出了基于踝关节肌肉驱动机制的仿生控制方法；针对车载双足机器人负载发生变化时直立平衡控制性能变差的问题，研究并提出了基于模糊插值推理的自适应仿生控制方法；为了直立平衡仿生控制方法的工程实现，针对肌肉力学模型结构复杂且包含许多不易观测变量的问题，研究并提出了基于时变参数阻抗模型的直立平衡仿生控制方法。

本书在完成车载双足机器人直立平衡的踝关节仿生控制理论研究的基础上，构建了计算机仿真和试验平台，并通过仿真和试验验证本书提出控制方法的有效性。本书的研究结果不但为实现车载双足机器人直立平衡能力的提升奠定了一定的理论和技术基础，而且对相关领域，如动力假肢和助力外骨骼的设计等，具有良好的促进作用。

1.2　双足机器人的国内外研究现状

双足机器人的研究涉及机械制造、电子电路、控制技术、计算机以及人工智能等多学科，是一个国家工业制造水平和科技实力的重要体现。双足机器人的研究起源于20世纪70年代，具有50多年的发展历史。国内外已有许多科研单位的研究团队在这一领域取得了卓越的成就。

1.2.1 日本双足机器人的研究现状

日本是最早从事双足机器人研究的国家，且一直处于领先地位。日本早稻田大学加藤一郎试验室于1973年成功研制出世界首台双足机器人WABOT-1，如图1-1（左）所示。该双足机器人设计有完善的下肢，能够实现步行动作。此外，该机器人还具备视觉、听觉和语言系统。在WABOT-1的基础上，该研究团队进一步开发了WABIAN系列双足机器人。于2006年发布的WABIAN-2双足机器人具有41个自由度，其肢体连杆及活动关节都参考成年人体比例进行设计，如图1-1（中）所示。WABIAN-2实现了复杂凹凸路面的行走任务。

2000年，本田推出了ASIMO双足机器人，如图1-1（右）所示，至今该双足机器人进行了四次大规模的升级，ASIMO在相当长的一段时间内代表了双足机器人的最高研究水平。ASIMO双足机器人身高1.2 m，体重48 kg，不但可以在凹凸地面行走，而且实现了跳跃和奔跑等复杂动作，奔跑速度达到了9 km/h。

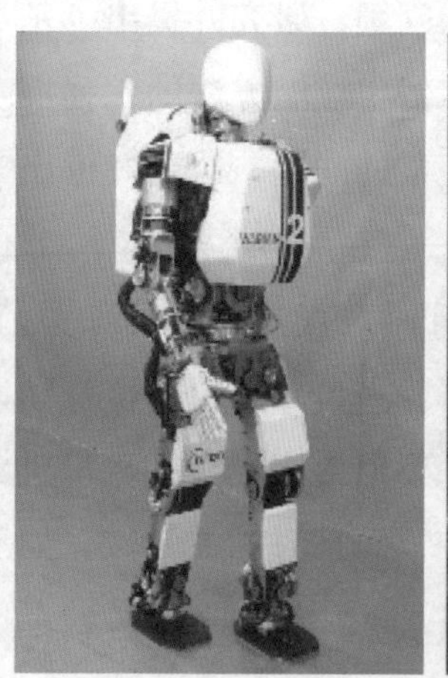

图1-1　日本具有代表性的双足机器人

1.2.2 美国双足机器人的研究现状

美国和日本一样，很早就开展了双足机器人研究方面的工作。美国双足机器人研发最为成功的公司是美国波士顿动力公司，该公司成功研发了 Atlas 和 Petman 双足机器人。第一代 Atlas 双足机器人于 2013 年 7 月首次亮相，如图 1–2（a）所示，其身高 1.8 m，重 150 kg。为了满足双足机器人对爆发力的需求，其下身采用液压驱动，可以提供足够的驱动力矩，上身采用电驱，需要外接电源驱动工作。最新款的 Atlas 双足机器人如图 1–2（b）所示，身高为 1.5 m，质量为 75 kg，并且内置电池，不需外接电源。它可以完成 180° 转体、跳跃和后空翻等复杂动作，其运动能力得到了进一步的提高。目前，最新款 Atlas 双足机器人作为开发平台，被提供给了美国部分高校进行控制算法的研究，优秀的研究成果层出不穷。Petman 双足机器人如图 1–2（c）所示，研究的主要目的是用来测试美国军方防护服，为了更加逼真地模拟人类的行为特征，该款双足机器人配置了人工皮肤，可以调控自身的体温、湿度和排汗量来模拟人类在防护服下的反应，从而达到更真实的测试效果。

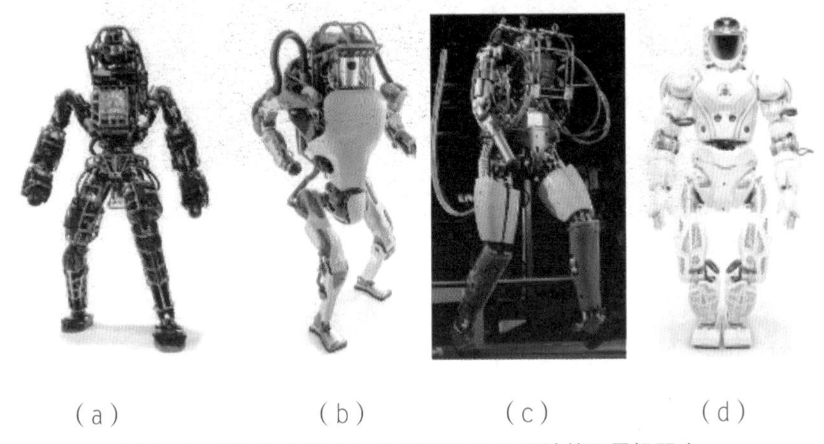

（a）　（b）　（c）　（d）

图 1–2　美国波士顿动力公司和 NASA 设计的双足机器人

美国国家航空和宇宙航行局（NASA）于 2012 年启动双足机器人计划，目的是开发一款能够代替或协助人类宇航员进行火星探索的双足机器人，其设计的双足机器人 Valkyrie 被称作“女武神”，如图 1–2（d）所示。该机器人身高 1.9 m，体重 125 kg，具有 44 个自由度。Valkyrie 的胸前有一个类似钢铁人的指示灯，其腰部和其他关节非常灵活，具有行走、平衡和操纵能力。其背包内配有电池，能够支撑大约 1 个小时的活动。现今，NASA 已将 Valkyrie 提供给多家高校进行算法研究。

除了上述几款典型的双足机器人之外，美国各大高校也开展了双足机器人的研究工作，设计和开发出了多款双足机器人样机。麻省理工学院（Massachusetts Institute of Technology）的腿实验室从 20 世纪 90 年代就开始了双足机器人的研究。该团队的样机研究成果有 Spring Turkey 和 Spring Flamingo 双足机器人，这两款机器人都采用被动的姿态行走控制。2001 年，该研究团队推出 M2 双足机器人，如图 1–3（a）所示。M2 是一款具有 12 个自由度的行走机器人，主要用于步态生成算法的稳定性和可靠性研究。

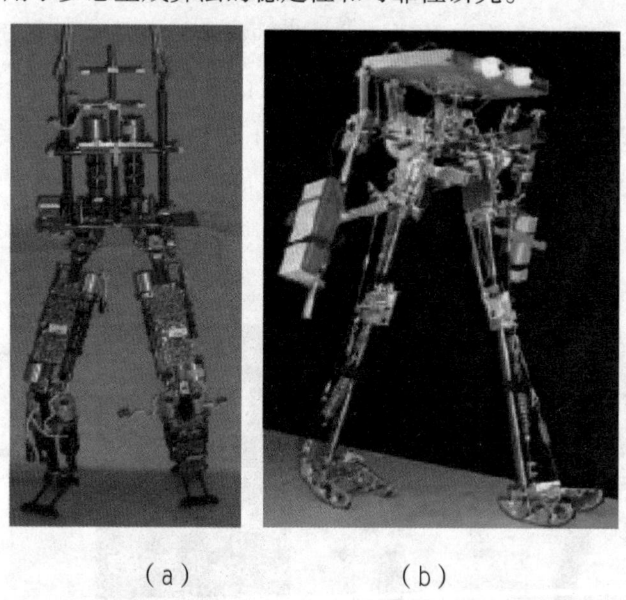

（a）　　　　（b）

图 1–3　美国麻省理工学院和康纳尔大学设计的双足机器人

美国康奈尔大学（Cornell University）的仿生机器人和运动实验室致力于双足机器人行走运动的研究。2000 年，Steven H. Collins 完成了被动行走双足机器人 3D Kneed Passive Biped 的设计，该双足机器人通过手臂的前后摆动缓解垂直方向角动量，通过手臂的左右摆动减缓机器人侧向晃动幅度，实现了下坡路面的被动行走。2005 年，该实验室成功研发了欠驱动双足机器人 Cornell Powered Biped，如图 1–3（b）所示，该机器人主要通过双臂的摆动来实现机器人的平衡控制。

美国密歇根大学（University of Michigan）于 2007 年研发成功了欠驱动双

足机器人 MABEL，如图 1-4（a）所示，该双足机器人设计有柔顺关节，可以完成高速行走和奔跑，其速度可达到 10.9 km/h。美国俄勒冈州立大学（Oregon State University）的机器人研究实验室研发出了 ATRIAS 系列双足机器人，如图 1-4（b）所示。同时，密西根大学的 Jessy Grizzle 教授研究团队和卡耐基梅隆大学的 Hartmut Geyer 教授研究团队也在进行 ATRIAS 双足机器人的研究。ATRIAS 双足机器人以“弹簧 – 质点”模型为依据进行设计，为保证结构的轻便性，双腿采用碳纤维材料。ATRIAS 双足机器人不仅在实验室完成了稳定行走，同时还实现了在草地上的行走。美国俄勒冈州立大学研究团队还创建了 Agility Robotics 公司，并设计了一款更好地适应复杂地形的双足机器人 Cassie，如图 1-4（c）所示。该款机器人的设计初衷是将机器人研究转向民用，Cassie 是双足机器人民用化的一个里程碑式的产品。

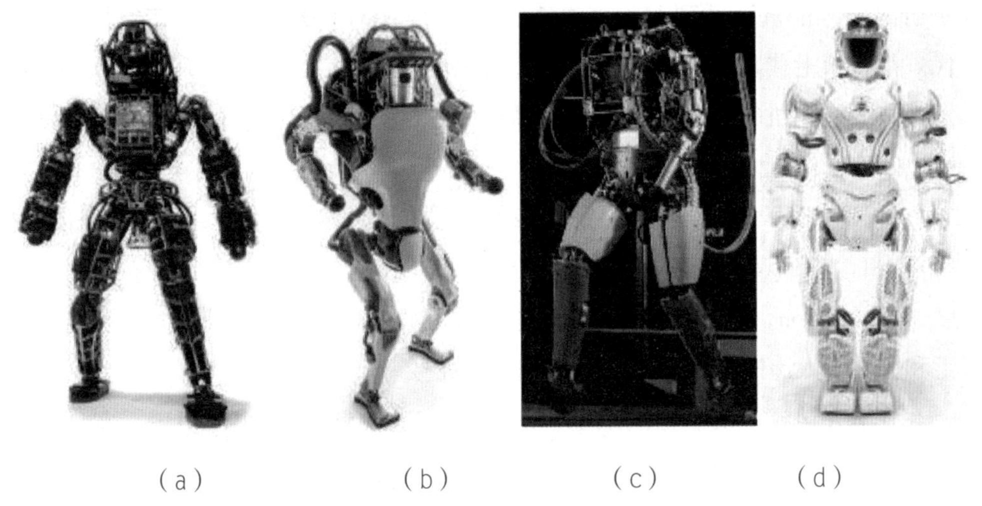

（a）　（b）　（c）　（d）

图 1-4　美国密歇根大学和俄勒冈州立大学研发的双足机器人

1.2.3 我国双足机器人的研究现状

与美、日等在双足机器人研究领域具有领先优势的国家相比，我国的双足机器人研究起步较晚。但在国家重大科研计划“国家高技术研究发展计划”（“863”计划）的支持下，部分高校相继开展双足机器人的研究，并取得了一定的科研成果，极大地推进了我国双足机器人技术的发展。

哈尔滨工业大学是我国较早研究双足机器人的高校，对双足机器人的研究始于 1985 年，该校先后成功研制了 HIT 系列双足机器人。HIT-IV 双足机器人全身具有 52 个自由度，在运动速度和平稳能力上较前几款都有所提升。

国防科技大学在 1988 年至 1995 年的 7 年内，先后成功研制了系列双足机器人样机 KDW-I、KDW-II 和 KDW-III。其中 KDW-I 具有 12 个自由度，能够直线行走和转弯。在此研究基础上，国防科技大学于 2000 年推出了我国第一台仿人型机器人“先行者”，如图 1-5（a）所示。该机器人身高 1.4 m，体重 20 kg，是我国第一台具有人类外观，能够模仿人类行走，同时具备其他基本操作能力的仿人机器人。虽然“先行者”与其他发达国家的仿人机器人相比还存在巨大的差距，但“先行者”的成功研制体现了我国在机器人研究领域有了一定程度的突破，为我国机器人研究领域的进一步发展奠定了坚实的基础。

北京理工大学在国家“863”高科技计划重点项目的支持下，先后成功自主研制出“汇童”系列双足机器人，如图 1-5（b）所示，至今已研制到第七代。汇童第七代双足机器人搭载了北京理工大学研究团队自主研发的高动态爆发关节、减速机等机器人关键核心零部件，在实验室状态下的最高奔跑速度可达 7 km/h。

浙江大学于 2007 年开始进行双足机器人的研究，相继成功自主研制了“悟”和“空”双足机器人，如图 1-5（c）所示，该双足机器人具有 30 个自由度，身高 1.6 m，体重 55 kg，其手臂灵活，可以对打乒乓球，同时能够平稳行走和完成给人递送饮料等简单的人机交互任务。

清华大学成功研制出的双足机器人 THBIP- I 具有 32 个自由度，实现了平稳地前进、后退、侧行等简单动作。在此基础上，研制的 THBIP- Ⅱ双足机器人具有 24 个自由度，身高 0.7 m，体重 18 kg。THBIP- Ⅱ实现了 0.075 m/s 的行走。

除了高校外，各个研究所也进行了双足机器人的研究，也取得了一定的成果。具有代表性的为中科院合肥物质科学研究院相继研发的“智能先锋号”IPR 和“刑天”DRC-XT 双足机器人，如图 1-5（d）所示。这两款双足机器人能完成环境识别、自主行走、跨越障碍物和抓取等任务，研发这两款机器人旨在让其替代人类完成危险环境下的救援任务。

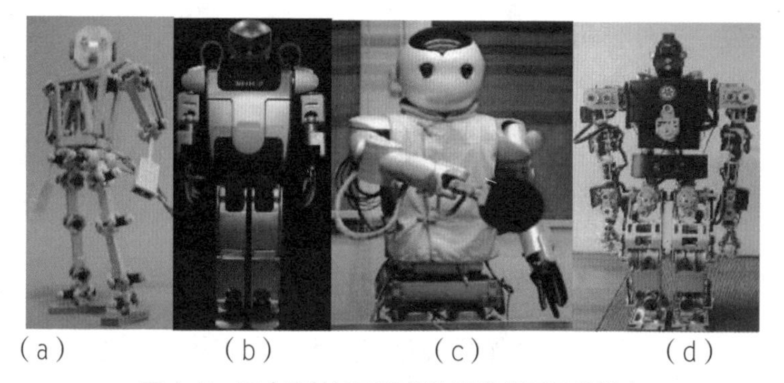

（a）　（b）　（c）　（d）

图 1-5　国内高校及研究机构研发的双足机器人

我国企业也积极投身于双足机器人的研究事业中。2019 年，深圳 Ubtech 公司推出“人形机器人管家”Walker，如图 1-6（a）所示。Walker 身高 1.3 m，没有双臂，但其双脚已经相当灵活，可以实现上下楼梯、全向行走等自主活动，同时具备踢球、跳舞等多种互动运动能力。Walker 双足采用 Ubtech 自主研发的基于三维视觉的定位导航系统——U-SLAM，在其自主运动过程中，可以完成实时定位、路径规划和动态避障等任务，同时采用防抖算法，解决了本体运动引起的视觉抖动问题。

北京钢铁侠科技有限公司成立于 2015 年，相继研发了三代双足机器人。在 2017 年的世界机器人大会上，该公司展示了其 ART 双足机器人，如图 1-6（b）所示。ART 采用全套电机驱动方案，避免了大噪音和高功耗等问题，并且 ART 采用了自主研发的姿态传感器、位置传感器，配合视觉、力觉模块，实现了组合导航和步态、平衡控制。ART 行走速度可以自由调节，能够连续工作 4 个小时。

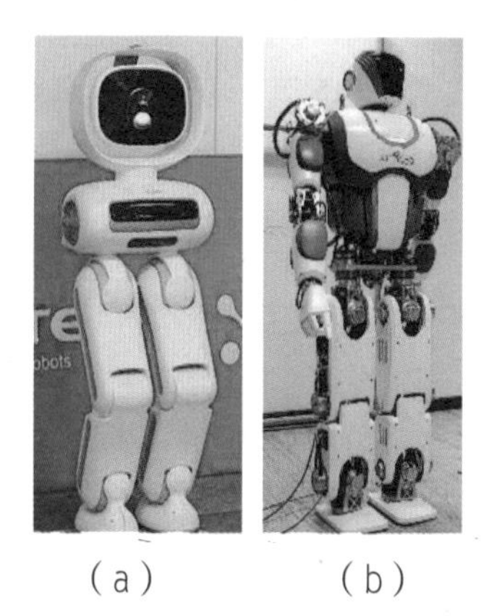

（a）　（b）

图 1-6　中国企业研发的双足机器人

总体来说，国外公司和研究机构一直站在双足机器人的研究前沿，国内主要以项目研究为导向。仿人、类人的双足机器人一定是机器人的终极形态，虽然目前的双足机器人还停留在“中看不中用”的尴尬阶段，但其对科研的价值是毋庸置疑的，目前的研发内容都是在为研发真正“像人”的机器人做铺垫。

1.2.4 双足机器人的研究现状分析

双足机器人的运动控制性能是决定其能否走向实用的主要因素。目前这方面的研究主要集中在直立平衡、行走、奔跑、跳跃和上下楼梯等方面，已经取得了大量可喜的成果，典型双足机器人实现的功能与性能对比如表 1-1 所示。

表1-1 典型双足机器人实现的功能与性能对比

国家	名称	发布时间	实现功能与性能
日本双足机器人	WABOT-1	1973 年	实现行走
	ASIMO	2000 年	奔跑和跳跃，速度达到了 9 km/h
	WABIAN-2	2006 年	复杂地面行走
美国双足机器人	MABEL	2007 年	高速行走、奔跑，速度可达 10.9 km/h
	Petman	2012 年	步行速度 7.08 km/h，具有强大的抗扰动能力
	Atlas	2013 年	跳跃和后空翻等复杂动作
	新一代 Atlas	2018 年	在草地上自由奔跑，稳定性能好
	Valkyrie	2013 年	几乎能够完成人类可以完成的所有动作
	ATRIAS	2015 年	草地上的行走和抗外力恢复
	Cassie	2017 年	更适应复杂地形，并且民用化推广
我国双足机器人	先行者	2000 年	能够模仿人类行走
	THBIP-2	2005 年	实现了 0.075 m/s 的行走
	汇童	2005 年	步行速度 1.0 km/h，未知路面稳定行走
	“悟”“空”	2007 年	平稳行走和完成简单的人机交互任务
	Walker	2019 年	实现自主活动和多种互动运动能力

从表 1-1 可以得出以下结论：

（1）国内双足机器人的研究水平相比美日等发达国家还存在着不小的差距，主要表现为行走速度慢、功能单一和稳定性差等。

（2）国内外对双足机器人的研究主要集中于平稳地面活动、完成预期的运动控制任务。车载作为主要的交通运输模式，必将成为双足机器人常见的活动场景。车载双足机器人的运动控制研究成果较少。

车载平台的加速或减速对双足机器人运动控制引入了不确定干扰，对双足机器人的平衡稳定性控制有了更高的要求，需解决车载双足机器人的直立平衡控制的问题。因此，本书聚焦车载双足机器人的直立平衡控制研究，解决车载平台加速或减速运动过程中双足机器人直立平衡控制的问题，提升双足机器人的实际抗扰性能。

1.3 双足机器人直立平衡控制研究现状

为了实现双足机器人的直立平衡控制，研究者们提出了多种直立平衡控制方法。下面对现有的双足机器人直立平衡控制理论和方法进行归纳总结，原则上按照各种控制方法的理论依据进行文献综述。

1.3.1 基于零力矩点的双足机器人直立平衡控制

南斯拉夫学者 Vukobratovic 等在 1969 年提出了零力矩点（zero moment point，ZMP）稳定判据[36]，其思路来源于工业机械臂的平衡控制。双足机器人直立平衡控制过程中与直立面保持着稳定接触，可类比为工业机械臂的底座，即可采用机械臂的控制方式保持直立平衡。ZMP 被定义为地面上一点，在该点上直立状态的双足机器人等效力矩为零。当双足机器人直立于平面时，其压力中心点（center of pressure，COP）与零力矩点重合[37,38]。因此，这种方法也可以称为基于压力中心点的双足机器人直立平衡控制。采用基于 ZMP 进行双足机器人的直立平衡控制方法时，首先将包含双足机器人与直立面所有接触点的最小多边形定义为支撑多边形。稳定判据为：如果 ZMP 在支撑多边形内部，则双足机器人保持稳定直立状态；如果 ZMP 在支撑多边形外部（包含边界），则双足机器人为直立不稳定状态[39]。基于ZMP的双足机器人直立平衡控制的基本思想是：通过调整双足机器人各关节作用力矩实时修正ZMP，使其回归到双足机器人的支撑多边形内。具体为：通过双足机器人足底力/力矩传感器测量的力/力矩值作为反馈信息，在线计算双足机器人的实际ZMP，然后设定控制律，调整双足机器人各关节作用力矩，使得实际ZMP与期望值之间的误差不断减小，从而实现双足机器人的直立平衡控制。

ZMP稳定判据被广泛应用于具有平面脚板的双足机器人，在双足机器人的直立平衡控制领域具有重要地位。大量双足机器人直立平衡理论研究采用ZMP作为稳定判据，并取得了一系列研究成果。在试验样机方面，日本、法国、韩国等设计的双足机器人大部分采用ZMP稳定判据实现机器人的姿态平衡控制。在理论研究方面，研究者们尝试在满足ZMP稳定判据的前提下对双足机器人的行走步态进行深入优化。

综上所述，ZMP稳定判据既可以作为控制指标实现双足机器人的直立平衡控制，也可以用来规划双足机器人的行走步态。然而，该方法也存在一定的局限性，表现为：通过传感器计算得到的ZMP参考点反馈信息的更新落后于双足机器人的实际姿态变化，这个延迟将导致控制器的响应延迟，甚至引起系统震荡。

1.3.2 基于动量平衡的双足机器人直立平衡控制

动量包括线动量和角动量，可组成一个六维向量，具有守恒的物理特性。角动量和线动量同时作用，调节双足机器人的脚底压力中心（COP）位置，进而完成其直立平衡控制。标记双足机器人承受的地面反作用合力为f，合力作用点为p，重力为mg，重心的地面投影为r_G，踝关节作用力矩为τ_n，则双足机器人的线动量变化速率$\dot{l}$和角动量变化速率$\dot{k}$的表达式为

$$\dot{k} = (p - r_G) \times f + \tau_n \tag{1-1}$$

$$\dot{l} = mg + f \tag{1-2}$$

基于上述数值关系，利用调节动量进而计算双足机器人各关节作用力矩保持双足机器人平衡控制的方法，称为基于动量平衡的双足机器人直立平衡控

制。Liu 等人采用角动量倒立摆模型实现了应对角动量突变的控制，设计了直立平衡控制方法[49,50]。Hinata 等人提出一种同时处理角动量和线动量的分解动量控制方法，并将其平衡判据纳入全身运动平衡控制框架[51]。Sung-Lee 等人提出了一种同时控制角动量和线动量的空间动量方法，实现了双足机器人的平衡控制，在不能同时满足角动量和线动量控制需求时，优先进行线动量控制[52]。

基于动量平衡的双足机器人直立平衡控制可以实现在不平坦地面的直立平衡控制，依赖双足机器人与地面的接触区域及接触摩擦力，依赖机器人的动力学模型评估双足机器人动量信息，很难实现双足机器人负重时的自适应平衡控制。

1.3.3 基于捕获点理论的双足机器人直立平衡控制

当扰动较大时，需要采取跨步策略实现双足机器人的直立平衡控制。Shafiee 等人将双足机器人简化为飞轮倒立摆模型，提出捕获点（capture point，CP）和捕获区域（capture region，CR）的概念，判断双足机器人在外力干扰下的状态，并且根据状态判断双足机器人是否需要跨步、跨向哪里、跨几步[41]。双足机器人在受到外力干扰时为了防止摔倒，需要借助跨步，通过地面反作用力来抵消干扰外力，保证双足机器人的直立平衡状态，在跨步动作完成后，实现双足机器人稳定平衡的可行落脚点，即 CP[53]。根据双足机器人的倾斜角度，可进一步将 CP 扩展为 CR。

基于捕获点理论的双足机器人跨步策略具体为：当存在 CP 位于支撑域内，即双足机器人的 CR 与支撑域相交时，双足机器人无须跨步即可实现抗扰平衡控制；当双足机器人的 CR 不与支撑域相交时，双足机器人需跨步完成平衡控制，且跨步完成后双足机器人的 CR 应与新形成的支撑面相交，即双足机器人可以在新形成的支撑面内保持直立平衡控制。

Wight 在此基础进行了扩展，使用倒立摆模型并考虑了角动量的影响，预测捕获点的位置，提出了脚位置估计算法（foot placement estimator，FPE）[54]。Seung 在 FPE 的基础上进行了补充，实现了双足机器人在斜坡上的跨步平衡，提出了广义脚位置估计算法（generalized foot placement estimator，GFPE）[55]。

综上所述，基于捕获点理论的双足机器人直立平衡控制是跨步策略的主要实现形式，能够抵抗较大的外力扰动。

1.3.4 基于智能控制理论的双足机器人直立平衡控制

随着人工智能和机器学习的发展，智能学习算法越来越多地被用来解决复杂问题[56,57]。Yang 等人通过神经网络学习的方法，建立了多层神经网络，通过大量跌倒试验学习人体质心和角速度与跌倒间的关系，通过学习所得的关系来判断平衡过程是否出现姿态失衡。Ugurlu 等人利用飞轮模型描述双足机器人的动力学模型，提出了踝关节的变刚度值控制方法，提高了踝关节外骨骼的辅助平衡控制性能：通过神经网络学习方法建立外骨骼穿戴者的踝关节刚度值与角度的映射关系，通过调节踝关节刚度，进而控制外骨骼辅助作用力的变化。试验表明，踝关节变刚度控制策略在应对同样的外部干扰时需要控制能耗降低，并且质量中心（center of mass，CoM）位置的调节过程更好[59,60]。然而基于智能控制理论的双足机器人直立平衡控制需要大量试验数据训练控制模型。

以上文献不同程度地解决了双足机器人直立平衡控制的问题，所涉及的控制方法均依托复杂的动力学模型或大量试验数据，很难保证实际运行时的稳定性和实际抗扰性能的提升。

1.3.5 双足机器人直立平衡控制研究现状分析

双足机器人直立平衡控制一直是机器人理论研究的热点，从零力矩点理论、动量平衡理论、捕获点理论到智能控制理论，不断有新的直立平衡控制理念被研究者所提出。表 1–2 对这四种平衡控制理论的优缺点进行了详细对比。

表1–2　4种直立平衡控制方案的优缺点比较

平衡控制理论	优点	缺点
基于零力矩点	既可以实现直立平衡控制，也可以用来规划行走步态	ZMP 参考点反馈信息落后于机器人的实际姿态变化，将导致控制器的响应延迟，甚至引起系统震荡
基于动量平衡	可以实现在不平坦地面的直立平衡控制	依赖机器人的动力学模型评估双足机器人动量信息，很难实现双足机器人在完成负重等工作时的自适应平衡控制
基于捕获点	能够实现较大的外力扰动下的直立平衡控制	需要与其他直立平衡控制组合使用完成关节抗扰力矩的评估
基于智能控制理论	避免了机器人复杂动力学模型的参与	依托大量试验数据训练控制模型，很难保证实际运行时的稳定性和实际抗扰性能

从表1-2可以得出以下结论：

（1）以上平衡控制理论的单独或组合作用能够实现不平坦地面、较大外力等干扰下的直立平衡控制，但是需要依托复杂的动力学模型或大量试验训练数据，很难保证实际抗扰效果。

（2）基于以上平衡控制理论的控制方法依赖双足机器人与所处环境的精确模型，当双足机器人处于未知环境时需要重新建模，自适应性和鲁棒性较差。

双足机器人直立平衡控制在自适应性和鲁棒性等方面与人类相比还存在很大差距。其主要有两个方面的原因：其一，双足机器人结构复杂，具有系统非线性和结构多变性等特点，其运动状态评估涉及大量传感器信息，给双足机器人的运动控制带来了巨大的挑战；其二，现阶段的双足机器人直立平衡控制方法大多从基于模型和基于行为的角度出发，使得控制方法过于依赖双足机器人和其所处环境的模型构建。本书从仿生控制角度出发，为解决双足机器人直立平衡控制适应性和鲁棒性较差的问题，开展车载双足机器人直立平衡仿生控制研究，无论是模型的构建，还是控制方法的设计思路，均与当前双足机器人直立平衡控制方法有着本质的区别。

1.4　双足机器人仿生控制研究现状

双足机器人仿生控制是近几年发展起来的一种控制方法，是生物科学和双足机器人控制科学交叉融合的一个研究方向，主要方法是建立人类运动与双足机器人运动控制的映射桥梁，模仿人体神经肌肉控制机制，实现双足机器人的运动控制。主要涉及两方面的研究内容：人体神经肌肉激活模型研究和仿肌肉驱动模型研究。

1.4.1 人体神经肌肉控制模型研究

人体神经肌肉控制模型的研究为提高双足机器人控制的鲁棒性、解决环境带来的不确定性问题提供了有效支持，是双足机器人仿生控制的重要组成部分。

人体直立平衡中枢神经控制主要包括肌肉牵张反射控制和脑干中长反射控制。Winter的研究指出[79-82]，人体在直立平衡控制时可视为绕踝关节摆动的倒立摆，踝关节在矢状面内可视为一个扭簧，所产生的恢复力矩正比于压力中心

CoP 与人体质量中心 CoM 地面投影之差，他认为这种“扭簧”性质是中枢神经系统调节的结果。Aftab 的研究指出[61]，在微小扰动下，人体仅通过小腿肌肉的牵张反射就可保持平衡。在更复杂的扰动下，脑干中长反射将介入调控，完成扰动恢复。肌肉牵张反射仅通过脊髓控制，避免了信号在脑干的传入传出所造成的延迟，相对直接快速地经由脊髓运动神经元做出反应。脑干的中长反射，经脑干形成控制指令，能抵抗复杂的外力扰动。

肌肉反射主要指肌肉牵张反射，是由人的神经系统和肌肉系统之间的协作引起的无意识反应。牵张反射的作用是防止过度拉伸导致肌肉受损，并保持对中枢神经系统的感觉输入。由于反射回路只经过脊髓，相比其他中枢神经系统对肌肉的控制，肌肉反射的回路短，响应速度快。当前研究表明，肌肉反射激活量与肌肉作用力、肌纤维长度及其变化量成正反馈关系。肌肉反射回路以肌肉作用力、肌纤维长度及其变化量为输入，以肌肉激活量为输出，形成快速的肌肉调控。

De Groote 通过仿真研究发现[62]，人体在直立状态下受到干扰时，在中枢神经做出反应之前，踝关节会提供给一个短时刚度，快速产生肌肉拉力阻止肌纤维拉伸，保持直立平衡，这就是肌肉反射行为。Geyer[66-71] 通过对小腿和踝关节进行受力分析，得出结论：利用动力学原理，人体不需要脑干控制即可保持直立平衡。基于此，他们开发了一种基于肌肉反射控制和力学原理编码的运动模型，并将其应用于踝关节假肢控制，在与地面交互中完成稳定行走，对没有提前预设的斜坡具有较强的适应性。

肌肉反射控制中不仅存在肌肉作用力、肌纤维长度及其变化量的正反馈，也存在信号传输延迟，影响系统稳定性。Pang 在人体直立抗扰实验中发现，人体受到干扰之后的短时间内（约 100 ms），肌肉牵张反射可提供抵抗力矩，等待脑干长反射对干扰做出判断及响应。此延迟为从传入神经经脊髓到传出神经整个神经回路的传输延迟。为了降低延迟对运动控制的影响，Ping 在脑干控制信号来之前，预先添加一个前馈控制，补偿神经传输延迟，能够稳定控制肌肉骨骼模型。

脑干中长反射是一个复杂的控制系统，涉及视觉器官、前庭器官和本体感受器等感觉器官对人体身体运动状态的感知。视觉器官提供身体所处环境信息和运动参照系；前庭器官提供当前身体的空间定位姿态和身体运动时加速和转动情况；本体感受器提供肌肉张力压力等信息传入大脑皮质躯体运动中枢。从控制学角度看，人体的车载直立抗扰平衡控制系统具有典型的生物回路特点。Kei 等利用人体质量中心的 PD 控制模拟人体直立平衡时脑干的中长反射，并通过仿真论证了 CoM 速度信息对人体直立平衡控制的重要性。前馈控制机制一般用来补偿反射延迟造成的误差，Fitzpatrick 等 [77] 证明了 CoM 的加速度信息具有姿态预测能力，可以充当前馈控制项。Torrence D.J. 等 [76] 利用人体质量中心 COM 的位移、速度和加速度信息反馈模拟人体脑干的中长反射，研究人体与移动平台中的直立平衡控制。

关于人体直立平衡的神经控制的研究已经有一段时间，前期主要是为了解决人体运动损伤和肌肉骨骼有关的临床生物医学研究。近几年，随着机器人产业的发展，因为人体关节在运动中的表现远超机械结构的控制策略，部分研究学者逐渐将研究中心转向智能仿生研究，为智能关节的设计寻求解决方案。

可以得出以下结论：

（1）实现高性能仿生控制的前提是对人体神经控制机制的深入理解。

（2）当前的人体神经肌肉激活模型研究主要服务于医学临床试验，存在环路复杂且涉及模型参数繁多的问题，很难在双足机器人仿生控制中应用。

（3）仿生控制性能提升的主要手段为深入理解人体神经肌肉激活机理，寻找适用于机器人控制的基于运动信号和力信号的人体神经肌肉激活模型。

1.4.2 仿肌肉驱动模型研究

在机器人仿生控制系统中，仿肌肉驱动模型决定了机器人关节的力学特性，是连接神经肌肉激活模型到关节力矩输出的纽带。根据实现途径，仿肌肉驱动模型可以分为两个类型：基于生物肌肉驱动原理而从物理层面实现仿肌肉驱动模型和采用肌肉力学模型描述肌肉驱动原理构建仿肌肉驱动数学模型。

在物理层面实现仿肌肉驱动模型方面，Hiroyuki Takeda 等 [85] 人模仿肌肉的柔性驱动特性，通过研究气动仿肌肉驱动模型，安装在仿生机械手上，实现了机械手的抓握、伸展等基本动作；Darden 等 [86] 选用易弯曲不易拉伸的薄膜材料，利用充放气使得薄膜收缩和展开的方式研制气动肌肉驱动模型。

在构建肌肉驱动数学模型方面，Hill 在 1950 年提出了肌肉三元素结构力学模型，从机械层面给出肌肉－肌腱单元的数学描述，奠定了肌肉驱动模型数学描述的基础。但肌肉三元素结构力学模型存在很多不足，如过于简化肌肉作用机制。为了实现高性能的仿肌肉驱动作用力输出，研究者们对肌肉三元素模型进行了不断改进。Wagner 等人提出了 ISOEIT 方法[87]，描述肌肉作用力与肌肉长度曲线；Haeufle 等人[88]将阻尼环节引入了肌肉三元素模型，以降低高频震荡，更加符合人体肌肉驱动形式。

总体来说，仿肌肉驱动模型的两条研究路线的目标一致，都是模仿人体肌肉驱动方式实现机器人的关节驱动，是仿生控制实现的重要组成部分。

仿肌肉驱动模型的优缺点对比如表 1–3 所示。

表1–3　仿肌肉驱动模型的优缺点对比

实现途径	优点	缺点
物理层面实现	能实现与人体肌肉较为一致的驱动方式，无须复杂的数学模型参与	需要复杂、灵巧的物理结构设计，并且不易安装和实现标准化推广
肌肉力学模型描述	避免了复杂物理结构的参与	为了更好地描述肌肉驱动方式，模型被不断改进扩充，使得模型结构复杂且包含许多不易观测的变量

从表 1–3 可以得出以下结论：采用肌肉－肌腱单元的数学描述的肌肉力学模型实现理论仿肌肉驱动，避免了复杂物理结构的参与，便于在双足机器人仿生控制中应用。然而，为了获取更好的仿肌肉驱动效果，肌肉力学模型被不断扩充，使得模型结构复杂且包含许多不易观测的变量。因此，需改进肌肉力学模型，在简化模型的基础上保证良好的仿肌肉驱动性能。

1.5　需要解决的科学问题

解决双足机器人平衡稳定性问题是双足机器人在人类环境中进行活动的前提条件。车载双足机器人在车辆加速或减速过程中，很容易因失去平衡而摔倒，造成结构损伤。综合国内外双足机器人直立抗扰踝关节控制策略研究，提炼出本书拟解决的关键问题。

（1）人体神经控制方面：针对当前人体神经系统研究主要服务于医学临床应用，神经控制系统结构复杂不利于在机器人控制中应用的问题，提出并研究了踝关节肌肉激活模型。当前所提出的神经控制系统结构复杂，涉及视觉器官、前庭器官和本体感受器等感觉器官，机器人作为智能制造的产物，很难实现人类如此完善的传感系统。鉴于此，本书从经典控制理论角度出发，以人体运动学相关原理为基础，采用分层控制模式模拟人体直立平衡过程中的神经控制机制，提出了人体直立平衡踝关节肌肉神经激活模型，该模型具有结构简单、精确度高、利于机器人控制实现等优势。

（2）双足机器人仿生控制方面：针对现存双足机器人直立平衡控制算法依托复杂的动力学模型或大量实验数据，很难保证实际运行时的稳定性和实际抗扰性能等问题，本书设计了车载双足机器人直立抗扰平衡的虚拟神经肌肉控制器。虚拟神经肌肉控制器模拟人体直立抗扰过程中的肌肉作用机理，简化了现有的机器人控制算法，并达到了提升实际抗扰性能的目的。针对机器人在完成营救、负重、搬运等任务时负载发生变化，导致机器人的总质量和质量中心物理参数发生变化，影响控制器性能的问题，将模糊插值推理算法应用于虚拟神经肌肉控制器，提出双足机器人直立平衡自适应控制方案。

（3）关节驱动模型方面：当前仿生控制大多以肌肉力学模型为基础，研究关节驱动模型，针对肌肉力学模型从机械层面给出了肌肉－肌腱单元的数学描述，包含许多不易观测变量，很难通过一般试验手段获得定量结果，难以用来解决机器人控制的问题，本书提出将踝关节简化为惯性、阻尼和弹性单元组成的二阶阻抗模型，避开参数复杂的肌肉力学模型，建立肌肉激活量与关节机械阻抗参数之间的联系，使原本复杂的肌肉建模问题，转变为调节机械阻抗参数的问题。

1.6　本书的主要研究内容与技术路线

通过对国内外双足机器人研究、双足机器人直立平衡控制和双足机器人仿生控制等研究现状分析可知，车载双足机器人直立平衡仿生控制研究不但对双足机器人动态平衡能力的提升具有重要的现实意义，而且对相关领域，如动力假肢和助力外骨骼的设计等，具有良好的促进作用。

车载作为主要的交通运输模式，必将成为双足机器人常见的活动场景，而车载双足机器人的运动控制研究成果较少。双足机器人结构复杂，具有系统非线性和结构多变性等特点，其运动状态评估涉及大量传感器信息，给双足机器人的运动控制带来了巨大的挑战。现阶段的双足机器人直立平衡控制方法大多从基于模型和基于行为的角度出发，使得控制方法过于依赖双足机器人和其所处环境的模型构建，自适应性和鲁棒性较差。

针对上述问题，在河南省科技攻关项目“站立任务下踝关节康复机器人协作控制关键技术研究（222102220116）”、平顶山学院博士科研启动基金“基于经验反馈的自适应模糊决策建模及其在个性化外骨骼上的应用（PXY-BSQD-2021019）”等项目的资助下，本书以车载双足机器人为研究对象，从仿生控制角度出发，采用“理论、仿真、试验”相结合的研究方法，以车载双足机器人为研究对象，对车载双足机器人运动控制中的重要问题——踝关节直立平衡控制方法进行了深入研究。

采用分层结构控制方法，构建肌肉分层激活模型，实现了从人体直立平衡过程运动学信息有效地估计踝关节肌肉激活量，为仿生控制奠定了基础；针对常用的双足机器人直立平衡控制方法灵活性、鲁棒性较差等问题，研究并提出了基于踝关节肌肉驱动机制的仿生控制方法；针对车载双足机器人负载发生变化时直立平衡控制性能变差的问题，研究并提出了基于模糊插值推理的自适应仿生控制方法，提高了车载双足机器人的自适应性；为了直立平衡仿生控制方法的工程实现，针对肌肉力学模型结构复杂且包含许多不易观测的变量的问题，研究并提出了基于时变参数阻抗模型的直立平衡仿生控制方法；构建计算机仿真和试验平台，并通过仿真和试验验证本书提出方法的有效性。

本书的研究技术路线如图 1–7 所示。

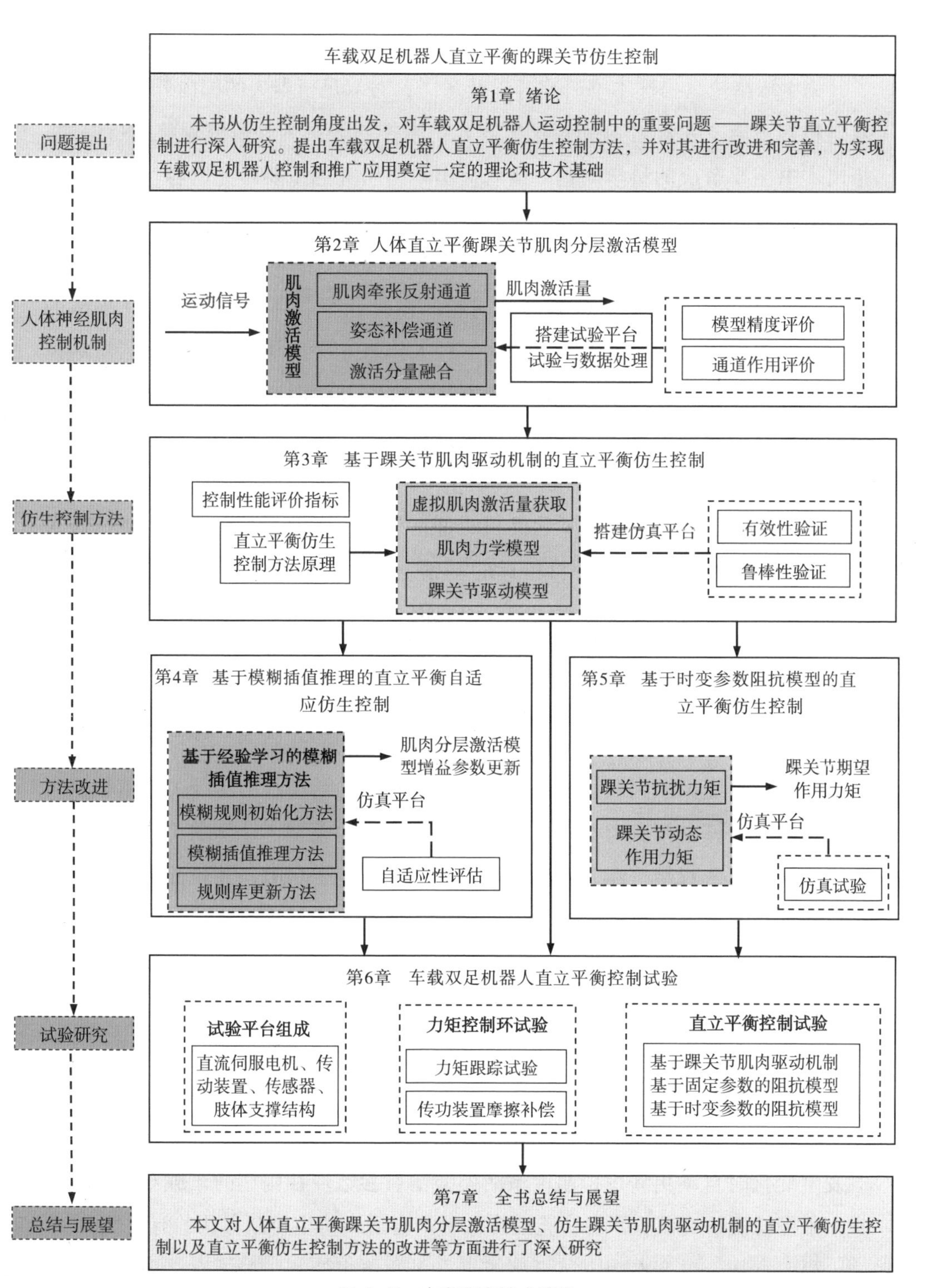

图 1-7　本书研究技术路线

全书共分为7章，各章节的研究内容安排如下：

第1章绪论。描述本书研究背景及意义，对双足机器人的国内外研究现状、双足机器人直立平衡控制和双足机器人仿生控制等国内外研究现状进行综述，指出本书需要解决的科学问题；最后提出本书研究的主要研究内容、章节安排和技术路线等。

第2章人体直立平衡踝关节肌肉分层激活模型。针对人体神经肌肉激活模型环路复杂且涉及模型参数繁多的问题，在研究车载环境中人体直立平衡的踝关节肌肉作用机制的基础上，构建一种人体直立平衡踝关节肌肉分层激活模型。提出肌肉牵张反射激活分量获取方法、姿态补偿激活分量获取方法和基于时变权重的加权融合算法的肌肉激活量计算方法；构建肌肉分层激活模型试验平台，并完成试验验证。

第3章基于踝关节肌肉驱动机制的直立平衡仿生控制。在给出双足机器人踝关节直立平衡控制性能评价指标的基础上，针对常用的双足机器人控制方法存在灵活性和鲁棒性较差等问题，以肌肉分层激活模型为基础，提出基于踝关节肌肉驱动机制的直立平衡仿生控制方法，模拟人体踝关节神经肌肉控制机制，估计车载双足机器人直立平衡过程中踝关节期望作用力矩，使双足机器人具备较强的环境适应能力。分析直立平衡仿生控制方法原理，基于肌肉分层激活模型构建了虚拟肌肉激活模型，确定虚拟肌肉激活量；构建踝关节虚拟肌肉力学模型，计算虚拟肌肉作用力；构建踝关节驱动模型，计算踝关节期望作用力矩；构建车载双足机器人直立平衡控制仿真试验平台上，并验证直立平衡仿生控制方法的有效性和鲁棒性。

第4章基于模糊插值推理的直立平衡自适应仿生控制。针对车载双足机器人负载发生变化时直立平衡控制性能变差的问题，提出基于模糊插值推理的直立平衡自适应仿生控制方法。在分析直立平衡自适应仿生控制方法原理的基础上，借鉴经验学习教学法，提出基于经验学习的模糊插值推理算法，并研究模糊规则初始化、模糊插值推理和模糊规则库更新等方法，在车载双足机器人负载发生变化时自动更新虚拟肌肉激活模型增益参数。在构建的车载双足机器人直立平衡控制仿真试验平台，验证直立平衡自适应仿生控制方法的有效性。

第5章基于时变参数阻抗模型的直立平衡仿生控制。为了直立平衡仿生控制方法的工程实现，针对直立平衡仿生控制方法中肌肉力学模型结构复杂且包含许多不易观测的变量的问题，通过将双足机器人踝关节简化为由惯性、阻尼与弹性单元组成的二阶阻抗模型，改进车载双足机器人直立平衡仿生控制方法，提出基于时变参数阻抗模型的直立平衡仿生控制方法。在分析时变参数阻抗模型的直立平衡仿生控制方法原理的基础上，通过阻抗控制环和动力学控制环的共同作用，估计直立平衡过程中踝关节期望作用力矩；构建踝关节阻抗模型，根据获取的虚拟肌肉激活量更新阻抗模型目标阻抗参数，评估双足机器人直立平衡过程中踝关节的抗扰力矩；构建车载双足机器人直立平衡倒立摆模型，获取踝关节动态作用力矩，并与踝关节的抗扰力矩一起确定直立平衡控制过程中踝关节期望作用力矩；在构建的车载双足机器人直立平衡控制仿真试验平台，完成固定参数阻抗模型和时变参数阻抗模型的对比验证试验，验证方法的有效性。

第 6 章车载双足机器人直立平衡控制试验研究。构建车载双足机器人直立平衡控制试验平台，提出试验方案；在完成踝关节驱动力矩跟踪试验的基础上验证力矩跟踪精度，并进行基于踝关节肌肉驱动机制、基于固定参数的阻抗模型、基于时变参数的阻抗模型和基于神经网络学习等四种车载双足机器人直立平衡控制试验，通过对比分析验证直立平衡仿生控制方法的有效性。

第 7 章全书总结与展望。对全书的研究内容和创新点进行总结，并指出未来的研究方向。

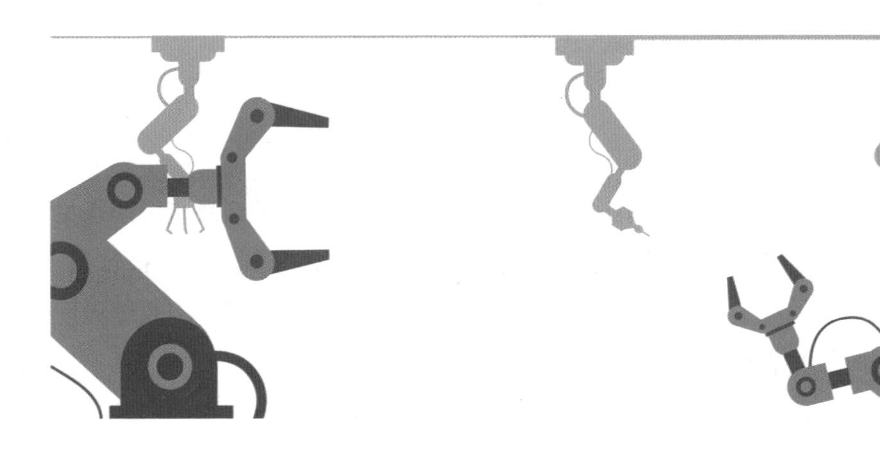

第 2 章　人体直立平衡踝关节肌肉分层激活模型

人站在车载平台上受到较小加速和减速的干扰时，人体神经系统协调踝关节相关肌肉收缩产生合适的踝关节作用力矩，控制人体恢复到直立平衡状态。其中，获取合适的踝关节作用力矩的前提条件是获取人体踝关节肌肉收缩程度的表征量，即踝关节肌肉激活量。

本章针对人体神经肌肉激活模型环路复杂且涉及模型参数繁多的问题，首先，采用分层结构控制方法，构建人体直立平衡踝关节肌肉分层激活模型（简称“肌肉分层激活模型”）（主要由肌肉牵张反射通道、姿态补偿通道和激活分量融合单元等组成）；然后，研究肌肉牵张反射通道获取肌肉牵张反射激活分量，姿态补偿通道获取姿态补偿激活分量，两个分量经激活分量融合单元共同作用获得肌肉激活量等方法；接着，针对传输与处理产生的时间延迟导致各通道输入信号与肌肉激活量不同步的问题，研究肌肉分层激活模型中各通道的时间延迟估计方法；之后，研究肌肉分层激活模型增益参数优化策略，提高肌肉分层激活模型对肌肉激活量的估计精度；最后，构建肌肉分层激活模型试验验证平台，完成试验研究，验证肌肉分层激活模型的精确性。

2.1 肌肉分层激活模型

人站在车载平台上时，车载平台的加速和减速运动会对站立于其上的人体产生干扰。当车载平台运动干扰较小时，人体仅通过踝关节作用就能保持直立平衡。此时，人体神经控制系统通过协调踝关节相关肌肉收缩，产生合适的踝关节作用力矩，控制人体恢复到直立平衡状态。人体神经系统通过前庭、视觉、触觉和本体感受等器官感知身体状态和外界干扰，并经过综合处理，控制踝关节相关肌肉激活，进而使踝关节完成对应的抗扰动作，所涉及的人体神经控制系统可被视为一种分层的控制结构，分为肌肉牵张反射控制和姿态补偿控制。

（1）肌肉牵张反射控制。肌肉牵张反射是一种肌肉肌纤维长度的自动调节机制，仅涉及脊髓，独立于脑，是位于底层的低级神经控制系统。肌肉牵张反射控制具有反射回路短的特点，在人体受到外界扰动时能迅速刺激肌肉做出反应。

（2）姿态补偿控制。姿态补偿控制由大脑皮层参与，属于高级神经控制系统，通过检测和预测身体姿态运动，做出相应的肌肉调节命令，协助肌肉牵张反射控制完成踝关节相关肌肉的收缩动作。

为了将人体踝关节神经肌肉控制机制应用于双足机器人控制，需简化神经肌肉控制回路，避免前庭、视觉、触觉等传感信号的介入。因此，本书构建了人体直立平衡踝关节肌肉分层激活模型，实现从人体运动信息到踝关节肌肉激活量的估计，其框架如图 2–1 所示。

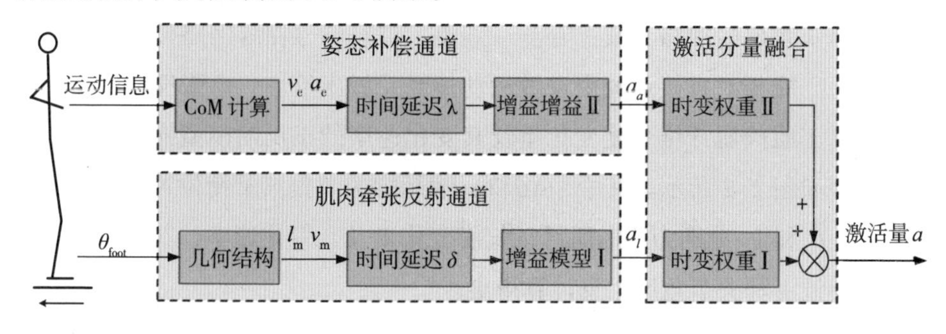

图 2–1　人体直立平衡踝关节肌肉分层激活模型框架

肌肉分层激活模型主要包含肌肉牵张反射通道、姿态补偿通道和激活分量融合单元。

肌肉分层激活模型建模步骤如下。

（1）获取肌肉牵张反射激活分量。肌肉牵张反射激活分量的获取由肌肉牵张反射通道实现。肌肉牵张反射通道通过获取人体踝关节角度 θ_{foot} 信息，经过踝关节“几何结构”模块计算肌肉肌纤维长度 l_m 及肌纤维伸缩速率 v_m，经“时间延迟 δ”模块后，送入“增益模型 I”模块，采用最优的正反馈增益参数 G_l 和 G_v，计算得到当前踝关节运动状态对应的肌肉牵张反射激活分量 a_l。

（2）获取姿态补偿激活分量。姿态补偿激活分量的获取由姿态补偿通道实现。姿态补偿通道通过获取人体运动学信息，经过“CoM 计算”模块计算 CoM 的速度 v_c 和加速度 a_c，经“时间延迟 λ”模块后，送入“增益模型Ⅱ”模块，采用最优的反馈增益参数 k_v 和 k_d，计算得到此时的姿态补偿激活分量 a_a。

（3）计算肌肉激活量。肌肉激活量计算由激活分量融合单元实现。激活分量融合单元通过获取肌肉牵张反射激活分量和姿态补偿激活分量，经过“时变权重Ⅰ”和“时变权重Ⅱ”模块，采用时变权重因子 w_r 和 w_c，计算得到当前人体状态下的肌肉激活量 a，作为肌肉分层激活模型的最终输出值。

2.2 肌肉牵张反射激活分量获取

肌肉牵张反射是一种肌肉肌纤维长度的自动调节机制。肌梭内感觉神经末梢检测肌纤维长度变化量及其变化速率，通过传入神经元传入脊髓，引起神经兴奋，通过传出神经元传至该神经，引起肌肉产生与其拉伸方向相反的收缩运动。肌肉牵张反射回路只通过脊髓，避免了神经信号在脑回路传入传出造成的时间延迟，能相对直接地经由脊髓运动神经元做出反应。牵张反射的作用机制，可用基于肌肉肌纤维长度变化量及其变化速率的正反馈模型描述。肌肉牵张反射原理如图 2–2 所示。其中，$\Delta\theta$和$\Delta\dot{\theta}$表示踝关节偏离平衡位置的角度值和偏离速度，l_m 和 v_m 分别为肌肉肌纤维长度变化量及其变化速率，其值可通过踝关节几何模型由踝关节角度信息计算得出。

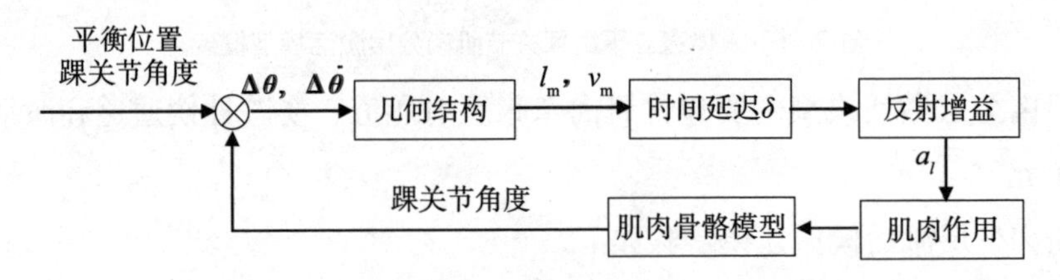

图 2–2 肌肉牵张反射原理图

本节首先提出了肌纤维长度信息（肌肉肌纤维长度 l_m 及肌纤维伸缩速率 v_m）计算方法，确定 l_m 和 v_m 取值的大小；然后提出了肌肉牵张反射激活分量计算方法，计算踝关节角度 θ_{foot} 对应的肌肉牵张反射激活分量 a_l。

2.2.1 肌纤维长度信息计算方法

肌纤维长度信息计算方法是采用踝关节的简化几何结构模型，根据实时获取的踝关节角度 θ_{foot} 信息，获取踝关节肌肉肌纤维长度 l_m 计算方程式，并将其进行简化；通过肌纤维长度 l_m 对时间求导得出肌肉肌纤维伸缩速率 v_m。

定义踝关节角度 θ_{foot} 为人体脚面水平方向与小腿的夹角。人体踝关节模型如图 2-3 所示。

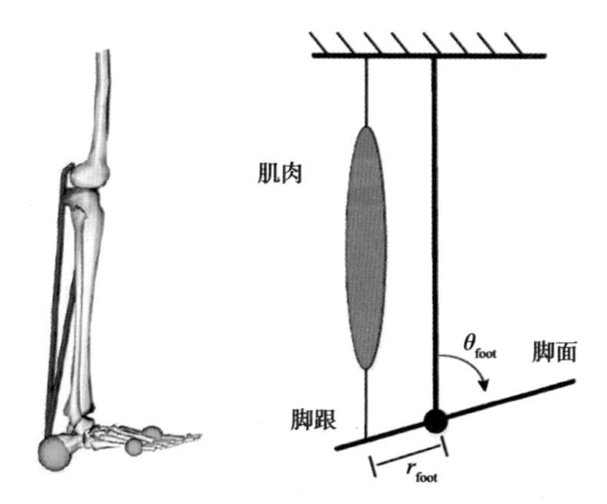

（a）肌肉骨骼模型　（b）简化几何结构模型

图 2-3　人体踝关节模型

根据踝关节的简化几何模型，踝关节肌肉肌纤维长度 l_m 可由下式计算得到：

$$l_m = r_{foot}\rho(\sin(\theta_{foot}-\theta_{max})-\sin(\theta_{opt}-\theta_{max}))+l_{opt} \tag{2-1}$$

其中，r_{foot} 为踝关节相关肌肉的作用半径；ρ 为缩放因子，表示肌肉肌纤维的羽化角；l_{opt} 为肌肉输出最大作用力时的肌纤维长度，此时的踝关节角度记为 θ_{opt}；θ_{max} 为肌肉作用力臂达到最大时的踝关节角度值。

人体直立平衡过程中，踝关节摆动幅度较小，于是存在：

$$\sin(\theta_{foot}-\theta_{max})\approx\theta_{foot}-\theta_{max} \tag{2-2}$$

将式（2-2）带入式（2-1），得到：

$$l_m = K(\theta_{foot}-\theta_{max})+C \tag{2-3}$$

其中，K 和 C 为常数：

$$K = r_{foot}\rho \tag{2-4}$$

$$C = -K\sin(\theta_{opt}-\theta_{max})+l_{opt} \tag{2-5}$$

式（2-3）、式（2-4）和式（2-5）表明肌肉肌纤维长度 l_m 与踝关节角度 θ_{foot} 成线性关系。

肌肉肌纤维伸缩速率 v_m 可通过肌纤维长度 l_m 对时间求导得出，即

$$v_m = K\theta'_{foot} \tag{2-6}$$

踝关节相关肌肉——腓肠肌（gastrocnemiu，Gas）和比目鱼肌（soleus，Sol）肌纤维长度计算过程中涉及的参数如表 2-1 所示。

表2-1 肌肉参数值

参数	Sol	Gas
r_{foot} /cm	5	5
θ_{max} /°	110	110
θ_{opt} /°	80	80
ρ	0.5	0.7

2.2.2 肌肉牵张反射激活分量计算方法

肌肉牵张反射激活分量计算方法是通过增益模型，根据实时获取的肌纤维长度 l_m 和肌纤维伸缩速率 v_m，经时间延迟 δ 后，确定肌肉牵张反射激活分量 a_l 方程式，并将肌纤维长度 l_m 方程式和肌纤维伸缩速率 v_m 方程式代入，得到肌肉牵张反射激活分量 a_l 关于踝关节角度 θ_{foot} 的方程式；通过简化方程式可得到增益参数G_l和G_v的表达式。

肌纤维长度 l_m 和肌纤维伸缩速率 v_m，经时间延迟 δ 后，通过增益模型，采用反馈增益参数 p_l 和 d_v，计算当前状态下的肌肉牵张反射激活分量，可表示为

$$a_l(t) = p_l \Delta l_m(t-\delta) + d_v v_m(t-\delta) \tag{2-7}$$

其中，$\Delta l_m = l_m - l_0$为肌纤维长度变化量；p_l 和 d_v 分别为肌纤维长度变化量 Δl_m 和肌纤维伸缩速率 v_m 的增益参数；l_0 为肌肉在放松状态下的肌纤维长度值，p_l 和 d_v 都为正值，且肌肉牵张反射激活分量为 0~1。

将式（2-3）与式（2-6）带入式（2-7），得到：

$$\begin{aligned} a_l &= p_l K(\theta_{foot}(t-\delta) - \theta_0) + d_v K\left(\dot{\theta}(t-\delta) - \dot{\theta}_0\right) \\ &= G_l \Delta\theta(t-\delta) + G_v \dot{\theta}(t-\delta) \end{aligned} \tag{2-8}$$

其中，θ_0 为人体直立平衡位置时的踝关节角度值；$\Delta\theta(t-\delta) = \theta_{foot}(t-\delta) - \theta_0$为踝关节角度变化量；$G_l$与$G_v$为正反馈增益参数，其值为

$$\begin{cases} G_l = p_l K \\ G_v = d_v K \end{cases} \tag{2-9}$$

式（2–8）为肌肉牵张反射激活分量的计算方程，称之为“肌肉牵张反射通道中的增益模型”，其正反馈增益参数 G_l 和 G_v 可以通过协方差矩阵优化策略（covariance matrix adaptation evolution strategy，CMA–ES）优化得到。

2.3　姿态补偿激活分量获取

CoM 的运动信息具有姿态预测能力。本书利用基于 CoM 反馈模拟姿态补偿的作用机制，获取姿态补偿激活分量：首先，提出了 CoM 信息（CoM 位移 p_c、速度 v_c 和加速度 a_c）计算方法，确定 CoM 位移信息 p_c；然后提出了姿态补偿激活分量计算方法，计算人体当前姿态下的姿态补偿激活分量 a_a。

2.3.1 CoM 信息计算方法

CoM 信息计算方法是将人体看作由 i 个结构体组成的系统，根据结构体实时远端坐标 X_{pi} 和近端坐标 X_{di}，获得第 i 个结构体的质量中心 C_i 的方程式；根据每个结构体 CoM 坐标与质量加权求和，计算人体 CoM 的实时位置坐标，进而由 CoM 的实时坐标值与起始时刻 CoM 坐标值之差计算 CoM 的位移信息 p_c；通过 CoM 的位移信息 p_c 对时间求一阶导和二阶导得出 CoM 的速度 v_c 和加速度 a_c。假设人体是由 i 个结构体组成的系统。第 i 个结构体各坐标示意图如图 2–4 所示。

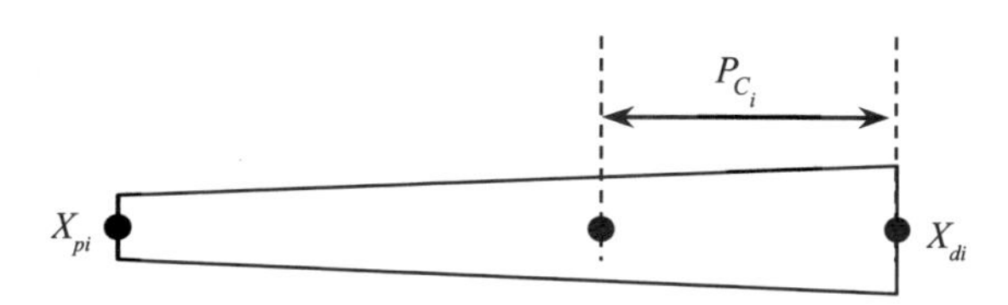

图 2–4　第 i 个结构体各坐标示意图

图 2–3 中，X_{pi} 和 X_{di} 分别为第 i 个结构体的远端坐标和近端坐标；P_{C_i} 为从近端坐标到远端坐标的百分比位置。三者共同决定第 i 个结构体的质量中心坐标，即

$$C_i = X_{di} + P_{C_i}(X_{pi} - X_{di}) \qquad (2\text{–}10)$$

根据结构体的 CoM 坐标，考虑结构体的质量，得到人体 CoM 坐标 C_t，其值为

$$C_t = \frac{\sum_{i=1}^{n} m_i C_i}{M} \quad (2-11)$$

其中，m_i 为第 i 个结构体的质量；M 为人体的总质量。

定义 CoM 的位移 p_c 为 CoM 的当前坐标值 C_t 与起始位置坐标值 C_0 之差。CoM 的速度 v_c 和加速度 a_c 分别通过 CoM 位移 p_c 对时间求一阶导和二阶导得出，即

$$\begin{cases} v_c = \dot{p}_c \\ a_c = \ddot{p}_c \end{cases} \quad (2-12)$$

2.3.2 姿态补偿激活分量计算方法

姿态补偿激活分量计算方法是通过增益模型，根据实时获取的人体 CoM 速度 v_c 和加速度 a_c，经过时间延迟 λ 后，采用最优的增益参数 k_p 与 k_d，确定姿态补偿激活分量 a_a 方程式。

CoM 是预测人体平衡姿态的主要指标，其速度 v_c 和加速度 a_c 是确定姿态补偿通道的肌肉激活分量 a_a 的关键参数。适当考虑延迟时间 λ 以及速度 v_c 和加速度 a_c 增益参数，可以得到姿态补偿肌肉激活分量 a_a，其值可用下式计算：

$$a_a(t) = k_p v_c(t-\lambda) + k_d a_c(t-\lambda) \quad (2-13)$$

其中，k_p 和 k_d 分别为 CoM 速度 v_c 和加速度 a_c 的增益参数；λ 为信号传输及处理的延迟时间。

式（2–13）为肌肉激活分量 a_a 的计算方程，称之为“姿态补偿通道的增益模型”，其反馈增益参数 k_p 和 k_d 可以通过协方差矩阵优化策略（CMA–ES）优化得到。

2.4 肌肉激活量获取

为了获取肌肉激活量，本书提出了具有时变权重的加权融合算法，根据获取的肌肉牵张反射激活分量和姿态补偿激活分量，计算得到肌肉激活量。

人体直立平衡控制过程中，肌肉牵张反射通道和姿态补偿通道对踝关节肌肉的调节作用随各通道输入量而变化。因此，本书提出了具有时变权重的加权

融合算法，实现量化各通道的作用量。各通道的权重因子在 0~1 的范围大变化，一个通道的权重因子降低，则相应地另一个通道的权重因子增大，两个通道的权重因子之和保持为 1。

本书提出的具有时变权重的加权融合算法，各通道的权重因子与对应通道的输入信号幅值成正比例关系。具体地，肌肉牵张反射通道的权重因子 w_l 与肌纤维长度变化量 Δl_m 成正比，姿态补偿通道的权重因子 w_c 与人体 CoM 的速度 v_c 成正比。将 Δl_m 和 v_c 两个信号量做归一化处理得出：

$$\begin{cases} L = \dfrac{\Delta l_m}{\max(\Delta l_m)} \\ V = \dfrac{v_c}{\max(v_c)} \end{cases} \tag{2-14}$$

其中，L 为肌肉肌纤维长度变化量 Δl_m 的归一化结果；V 为 CoM 速度 v_c 的归一化结果。

两个通道的权重因子定义为

$$\begin{cases} w_l = \dfrac{L}{V+L} \\ w_c = \dfrac{V}{V+L} \end{cases} \tag{2-15}$$

肌肉牵张反射通道激活分量和姿态补偿通道激活分量经过融合环节，共同调节踝关节肌肉激活量，其值为

$$a(t) = \begin{cases} a_0 + a_l(t), & t < \delta \\ a_0 + w_l a_l(t) + w_c a_a(t), & t \geqslant \delta \end{cases} \tag{2-16}$$

其中，$a_l(t)$ 为肌肉牵张反射通道激活量分量，由式（2-8）计算得出；$a_a(t)$ 为姿态补偿通道肌肉激活量分量，由式（2-13）计算得出。

2.5 时间延迟估计

在构建的肌肉分层激活模型中，各通道信号的传输与处理产生了时间延迟，导致各通道输入信号与肌肉激活量的不同步。为此，本书采用互相关函数，估计肌肉分层激活模型中各通道的时间延迟 λ 和 δ。互相关函数描述两个信号 $x(t)$，$y(t)$ 在任意两个不同时刻取值之间的相关程度，用相关系数来衡量。

相关性系数定义为

$$R_{xy}(t_{\text{lag}}) = \frac{\frac{1}{T}\int x(t)y(t+t_{\text{lag}})\mathrm{d}t}{\sqrt{R_{xx}(0)}\sqrt{R_{yy}(0)}} \tag{2-17}$$

其中，T 为两个信号的采样周期；t_{lag} 为两个信号的平移时间。

相关性系数 $R_{xy}(t_{\text{lag}})$ 的取值范围为 -1~1，其值大小与相关程度的关系如下：

（1）$R_{xy}(t_{\text{lag}})$ 为 0，表示信号 $x(t)$ 与 $y(t)$ 不相关。

（2）$R_{xy}(t_{\text{lag}})$ 越大，表示信号 $x(t)$ 与 $y(t)$ 相关性越大。

（3）$R_{xy}(t_{\text{lag}})$ 最大值，表示 $x(t)$ 与 $y(t+t_{\text{lag}})$ 相关度最大。

采用以上方法 [式（2-17）]，首先计算踝关节角度信号 θ_{foot} 和肌肉激活量 a 的相关性系数最大时的 t_{lag} 作为牵张反射通道信号延迟 δ；然后计算 CoM 速度 v_{c} 和肌肉激活量 a 的相关性系数最大时的 t_{lag}，作为姿态补偿通道信号延迟 λ。

2.6 模型增益参数优化

在所提出的人体直立平衡踝关节肌肉神经激活模型中，肌肉牵张反射控制和前馈补偿控制作为两个子系统通过激活分量融合单元，共同调节踝关节的肌肉激活量，达到人体直立抗扰的目的，两个子系统通过“信息融合”产生肌肉激活量。研究者已经提出了很多“信息融合”技术，如基于贝叶斯的信息融合、基于模糊推理的信息融合和基于神经网络的信息融合等，这些信息融合技术均向系统引入不确定操作环节。为了简化系统且不失一般性，本书提出了具有时变权重的加权融合算法，根据获取的肌肉牵张反射激活分量和姿态补偿激活分量，计算得到肌肉激活量。

2.6.1 基于 CMA-ES 的模型增益参数优化方法

CMA-ES 是一种以进化策略为基础的全局优化算法，利用高斯正态分布在优化问题的解空间进行采样，并以某种适应度选择机制对高斯正态分布进行更新。采样和更新过程持续迭代，直到搜索到满意解或达到最大采样次数等条件后，停止优化。CMA-ES 能够完成多目标优化任务，本书提出基于 CMA-ES 的模型增益参数优化方法，对肌肉分层激活模型的增益参数（G_l、G_v、k_v 和 k_d）

进行寻优。

CMA-ES 利用多维高斯正态分布 $N(m, \boldsymbol{C})$ 的协方差矩阵 $\boldsymbol{C}$ 描述群体突变的旋转和伸缩尺度。基于当前最优个体和当前群体均值 m 之间的关系，更新协方差矩阵 $\boldsymbol{C}$ 进而实现群体更新突变方向的调整，而当前个体则是由多维高斯正态分布 $N(m, \boldsymbol{C})$ 抽样获得的。

由多维高斯正态分布 $N(m, \boldsymbol{C})$ 的定义可知，协方差矩阵 $\boldsymbol{C}$ 是对称正定矩阵，可对其进行特征值分解：$\boldsymbol{C}=\boldsymbol{B}\boldsymbol{D}^2\boldsymbol{B}^{\mathrm{T}}$，其中 $\boldsymbol{B}$ 是单位正交矩阵，其列向量是协方差矩阵 $\boldsymbol{C}$ 的正交特征向量基。矩阵 $\boldsymbol{D}$ 是对角矩阵，$\boldsymbol{D}$ 的每个对角元素对应 $\boldsymbol{C}$ 的一个特征值的平方根，且与 $\boldsymbol{B}$ 的相应列对应。因此，多维高斯正态分布 $N(m, \boldsymbol{C})$ 可改写为

$$\begin{aligned}&N(m,\boldsymbol{C})\sim m+N(0,\boldsymbol{C})\sim m+\boldsymbol{C}^{\frac{1}{2}}N(0,\ m\boldsymbol{I})\sim\\&m+\boldsymbol{BDB}^{\mathrm{T}}N(0,\boldsymbol{I})\sim m+\boldsymbol{BD}N(0,\boldsymbol{I})\end{aligned}\tag{2-18}$$

其中，“~”表示式子左右两边具有相同的正态分布。

2.6.2 模型增益参数优化方法的实现

模型增益参数优化方法采用以下步骤，对肌肉分层激活模型的增益参数（G_l、G_v、k_v 和 k_d）寻优，具体描述如下。

步骤 1：参数设置。设置种群大小 ε，父代个体数 $\mu<\varepsilon$，设重组权重为 $w_{i=1,\cdots,\mu}$，以及最大迭代次数 G。

步骤 2：种群初始化。设置种群初始化分布均值 $\boldsymbol{m}\in\mathbf{R}^N$（$N$=4 为优化目标数）（肌肉分层激活模型增益参数 $[G_l\ G_v\ k_v\ k_d]$ 的初始值）以及全局标准差（全局步长）$\sigma\in\mathbf{R}_+$，进化路径 $p_\sigma=0$，$p_{\mathrm{c}}=0$，协方差矩阵 $\boldsymbol{C}=\boldsymbol{I}\in\mathbf{R}^{N\times N}$，代数 $g=0$。

步骤 3：抽样产生新种群。通过对多维正态分布抽样搜索种群，第 g 代的个体抽样方程为

$$\boldsymbol{x}_k^{g+1}\sim\boldsymbol{m}^g+\boldsymbol{\sigma}^g N(0,\boldsymbol{C}^g)\quad(k=1,\cdots,\lambda)\tag{2-19}$$

其中，$\boldsymbol{x}_k^{g+1}\in\mathbf{R}^N$ 是第 g+1 代种群中的第 k 个个体，即肌肉分层激活模型中的增益参数。

步骤 4：选优重组，即更新平均值。新的均值 $m^{(g+1)}$ 使用第 g 代中得到的 ε 个样本中 μ 个抽样个体进行更新。将 ε 个样本进行适应度排序，选取适应度最

好的μ个个体，对其进行加权求和得到新的均值$\boldsymbol{m}^{(g+1)}$，如下式所示：

$$\boldsymbol{m}^{g+1}=\sum_{i=1}^{\mu}w_i\boldsymbol{x}_{i:\lambda}^{g+1} \tag{2-20}$$

其中，$\sum_{i=1}^{\mu}w_i=1, w_1\geqslant w_2\geqslant w_3\geqslant\cdots\geqslant w_\mu\geqslant 0$；$\boldsymbol{x}_{i:\lambda}^{(g+1)}$表示将$\lambda$个样本进行适应度排序；$\boldsymbol{x}_{i:\lambda}^{g+1}$为种群适应度排名第 i 的个体。

步骤 5：协方差矩阵更新。协方差自适应是一个完全去随机化的自适应方案，协方差矩阵自适应的一般策略是改变协方差矩阵，使得那些有希望产生更大适应度进化的变异能够更多地被生成。引入演化路径的概念，演化路径是指一些连续演化变异步长之和。先对协方差进化路径p_{c}^{g}进行更新：

$$\boldsymbol{p}_{\mathrm{c}}^{g+1}=(1-c_{\mathrm{c}})\boldsymbol{p}_{\mathrm{c}}^{g}+h_\sigma\sqrt{c_{\mathrm{c}}(2-c_{\mathrm{c}})\mu_{\mathrm{eff}}} \tag{2-21}$$

其中，h_σ为 Heaviside 函数；$\mu_{\mathrm{eff}}=1/\sum_{i=1}^{\mu}w_i^2$可理解为方差有效选择权重；$0\leqslant c_{\mathrm{c}}\leqslant 1$为权重系数。协方差矩阵的更新公式如下：

$$\boldsymbol{C}^{(g+1)}=(1-c_{\mathrm{cov}})\boldsymbol{C}^{(g)}+\frac{c_{\mathrm{cov}}}{\mu_{\mathrm{cov}}}\underbrace{\boldsymbol{p}_{\mathrm{c}}^{(g+1)}\boldsymbol{p}_{\mathrm{c}}^{(g+1)\mathrm{T}}}_{\text{秩-}l\text{更新}}+c_{\mathrm{cov}}\left(1-\frac{1}{\mu_{\mathrm{cov}}}\right)\times\underbrace{\sum_{i=1}^{\mu}w_i\boldsymbol{y}_{i:\varepsilon}^{(g+1)}\left(\boldsymbol{y}_{i:\varepsilon}^{(g+1)}\right)^{\mathrm{T}}}_{\text{秩-}\mu\text{更新}} \tag{2-22}$$

其中，$\boldsymbol{y}_{i:\varepsilon}^{(g+1)}=(\boldsymbol{x}_{i:\varepsilon}^{(g+1)}-\boldsymbol{m}^{(g)})/\boldsymbol{\sigma}^{(g)}$；$c_{\mathrm{cov}}$为协方差矩阵学习率。秩 - μ更新利用子代中适应度最好的μ个个体的信息，生成可靠的协方差更新，在种群规模较大时发挥重要作用。秩 -1 更新，则利用连续代之间步长的关系即“演化路径”，更新协方差矩阵，在种群规模较小时发挥重要作用。CMA-ES 中协方差矩阵的更新结合了这两种机制，在一定程度上提高了进化策略的收敛速度，同时降低了搜索精度对种群规模的依赖。

步骤 6：步长控制。协方差矩阵的更新没有控制协方差矩阵分布的整体缩放，在协方差矩阵的更新过程中，对于每一个被选择的变异步，协方差矩阵仅会在变异方向上增加信息。这种步长控制方式使得协方差矩阵整体缩放效率不高，无法满足算法快速收敛的要求。为了控制步长，引入演化路径来进行步长控制。这种步长控制独立于协方差矩阵更新，被称为“积累路径长度控制”。首先对步长进行路径$\boldsymbol{p}_\sigma$更新：

$$\boldsymbol{p}_\sigma^{(g+1)}=(1-c_\sigma)\boldsymbol{p}_\sigma^{(g+1)}+\sqrt{c_\sigma(2-c_\sigma)\mu_{\mathrm{eff}}}\,\boldsymbol{C}^{g\left(-\frac{1}{2}\right)}\frac{m^{g+1}-m^{g}}{\sigma^{g}} \tag{2-23}$$

其中，c_σ为演化路径的学习率。步长 σ 的更新公式为

$$\sigma^{(g+1)} = \sigma^{(g)} \times \exp\left(\frac{c_\sigma}{d_\sigma}\left(\frac{\|\boldsymbol{p}_\sigma\|}{E\|N(0,\boldsymbol{I})\|} - 1\right)\right) \tag{2-24}$$

其中，d_σ 为接近 1 的阻尼系数；$\|\cdot\|$为向量欧氏范数；$E\|N(0,\boldsymbol{I})\|$为正态分布随机向量欧氏范数的期望值。

步骤 7：终止更新。如果 g 代中第 i 个样本x_i^g的适应度满足寻优要求，则算法寻优结束，x_i^g即寻优结果；若 g 代中的样本都不满足适应度要求且 $g < G$，令 g=g+1，并转入步骤 3，否则算法寻优结束，m^g 即为寻优结果。终止更新后将寻优结果作为肌肉分层激活模型增益参数 $[G_l\ G_v\ k_v\ k_d]$。

肌肉分层激活模型增益参数优化过程如图 2-5 所示。

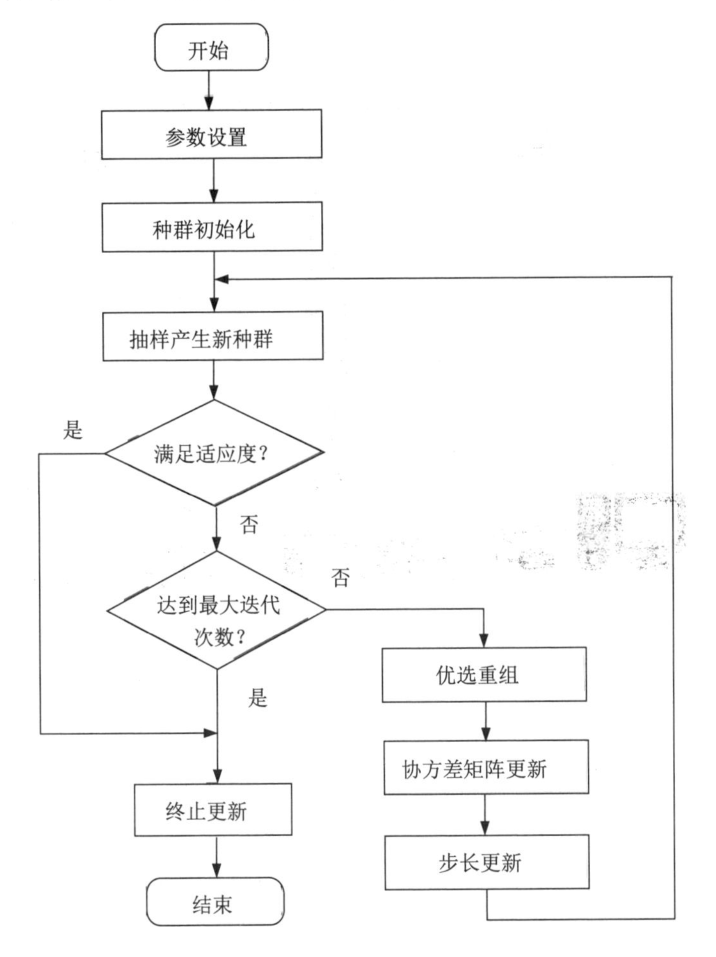

图 2-5　分层激活模型增益参数优化过程

2.7 肌肉分层激活模型试验

为了验证所构建的人体直立平衡踝关节肌肉分层激活模型的精确性，本书构建了肌肉分层激活模型试验平台，提出了试验实施方法，给出了被试对象的基本信息。

2.7.1 肌肉分层激活模型试验平台

为了简化研究复杂度，本书假设人体左右对称，仅考虑矢状面内的人体运动，构建了肌肉分层激活模型试验平台，主要由车载平台、同步控制器、肌电信号采集系统和 Nokov 光学动作捕捉系统（上位机 +8 个摄像头）等组成，其示意图如图 2-6 所示。

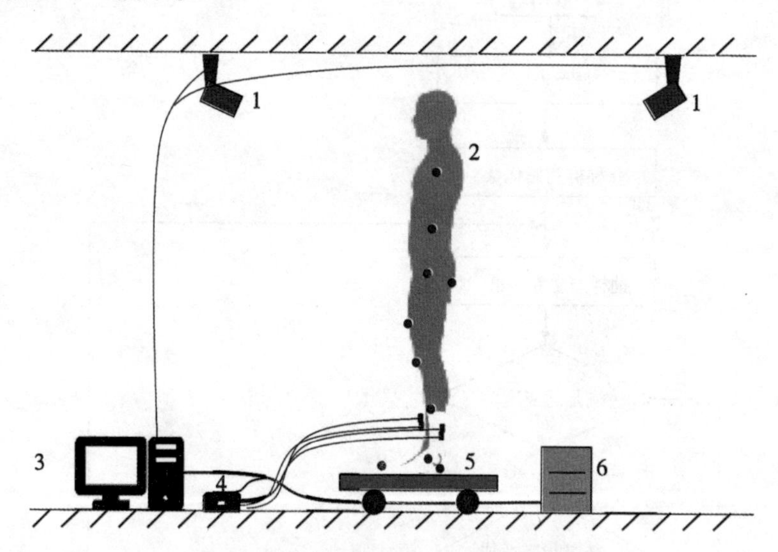

图 2-6 肌肉分层激活模型试验平台

1—动作捕捉系统；2—被试对象；3—上位机

4—肌电信号采集系统；5—车载平台；6—同步控制

图 2-6 中，被试对象站在移动车载平台上，对移动车载平台突加一个瞬间加速度然后立即静止，通过同步控制器控制，肌电采集仪和运动捕捉系统同步采集踝关节相关肌肉 Emg 信号和人体直立平衡过程中的运动数据。

采用北京度量科技有限公司生产的 Nokov 光学动作捕捉系统来记录人体运动信息和车载平台的运动信息。使用 Nokov 光学动作捕捉系统时，在人体关节运动部位及关节点贴标记点。标记点表面有一层强反光材料，动作捕捉系统通过捕捉标记点的反射光线检测其运动信息。得益于十位灰阶深度和GrayScale 图像处理算法的组合，Nokov 光学动作捕捉系统可以进行精确的动作捕捉。

实验室所用动作捕捉系统由 8 个 800 万像素摄像头组成，离地垂直高度3 m，组成一个矩形数据采集阵，如图 2–7 所示。采集过程中将被试对象及移动车载平台置于采集阵内，以保证采集数据的准确性。通过北京度量科技有限公司提供的配套软件，完成人体和车载平台运动信息的采集工作，数据采集频率为 100 Hz。数据采集完成后，经过软件处理，得到人体运动踝关节角度信息，根据 2.3.1 节描述的人体质量中心计算方法计算人体质量中心，为进一步的数据处理做准备。

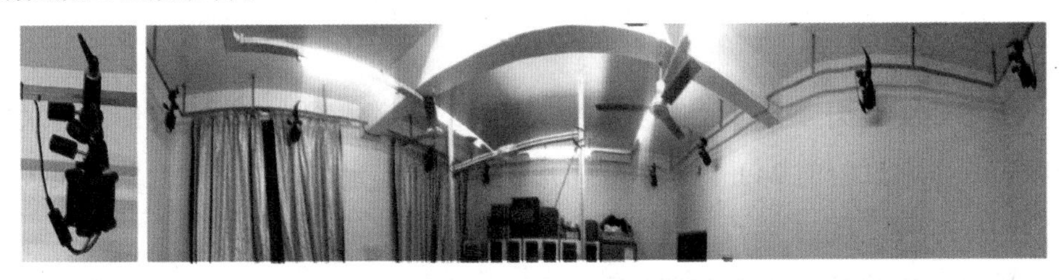

图 2–7　Nokov 光学动作捕捉系统

表面肌电采集系统由肌电采集仪 ELONEX EMG 100–Ch–Y–RA（8 通道，最高频率 1 000 Hz）、转换器连接线、电极转接口转换器、电极连接线和电极片组成。表面肌电采集系统照片如图 2–8 所示。

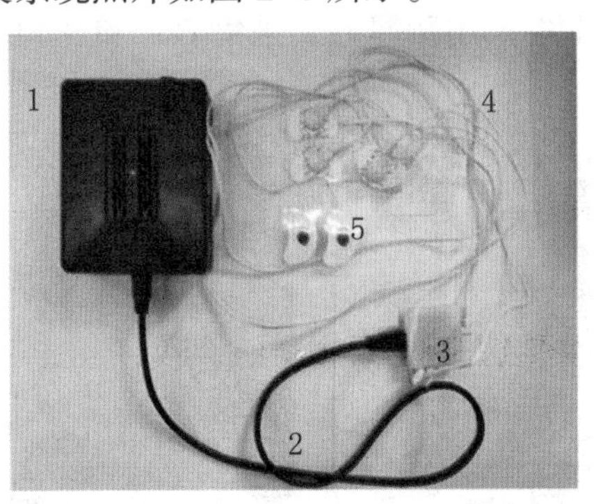

图 2–8　表面肌电采集系统照片

1—肌电采集仪；2—转换器连接线

3—电极转接口转换器；4—电极连接线；5—电极片

2.7.2 被试对象

本试验选用 5 名男性作为试验被试对象，其基本信息（平均值 ± 方差）如表 2–2 所示。

表2–2　被试对象基本信息

项目	年龄 / 岁	身高 /m	体重 /kg
描述	22.8 ± 1.47	1.73 ± 0.63	65 ± 7.6

所有被试对象都无神经肌肉或下肢损伤病史，并且在试验期间身体健康状况良好，体态正常，无任何关节或肌肉损伤，以及任何其他行动受限类病症。

试验前，与每位被试对象都签署了试验知情同意书。

2.7.3 试验步骤

为了避免肌肉疲劳对试验结果造成影响，确保试验数据的客观性，要求所有被试对象在试验前 24 h 内不做任何形式的剧烈运动，确保被试对象无肌肉疲劳现象。

试验实施过程的关键步骤如下。

步骤 1：将踝关节相关肌肉 Gas 和 Sol 对应位置，去除毛发并用医用酒精清除油脂，贴好电极片，各电极片间距 2 cm 左右，电极片安帖位置如图 2-9（a）所示。

步骤 2：采集被试对象的相关肌肉最大自主收缩值（maximum voluntary contraction，MVC）。本书采用跖屈方式采集 Gas 和 Sol 的 MVC，采集过程如图 2–9（b）所示。

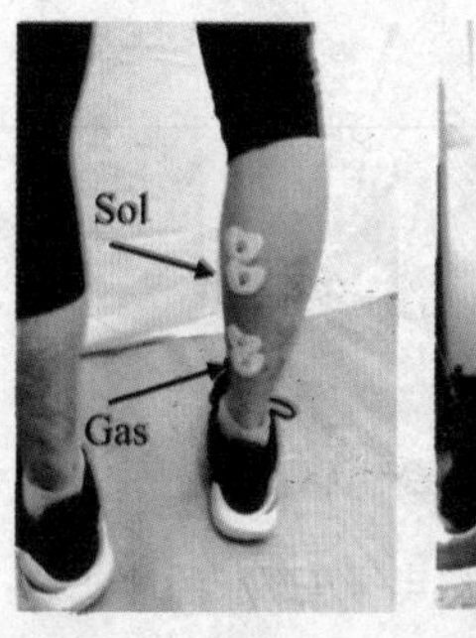

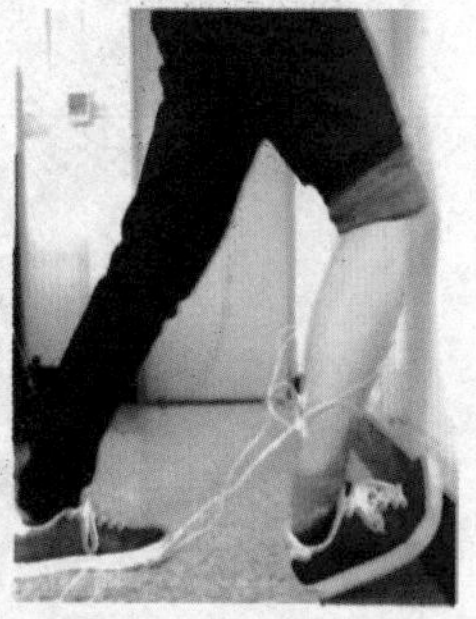

（a）电极片安帖位置　（b）MVC 采集过

图 2–9　电极片安帖位置及 MVC 采集过程

步骤 3：在被试对象关节位置安帖动态捕捉反光标记点，然后进入试验区。被试对象双手交叉置于胸前，面向车载平台移动反方向，站在移动车载平台上。

步骤 4：对移动车载平台施加一个瞬间加速度后立即静止。同时，肌电采集仪和运动捕捉系统同步采集踝关节肌肉（Sol 和 Gas）Emg 信号和人体运动数据。每名被试对象重复 20 次，尽量保证每次试验过程移动车载平台运动速度一致。

步骤 5：完成所有规定试验步骤，结束试验。

人体直立平衡试验现场如图 2-10 所示。

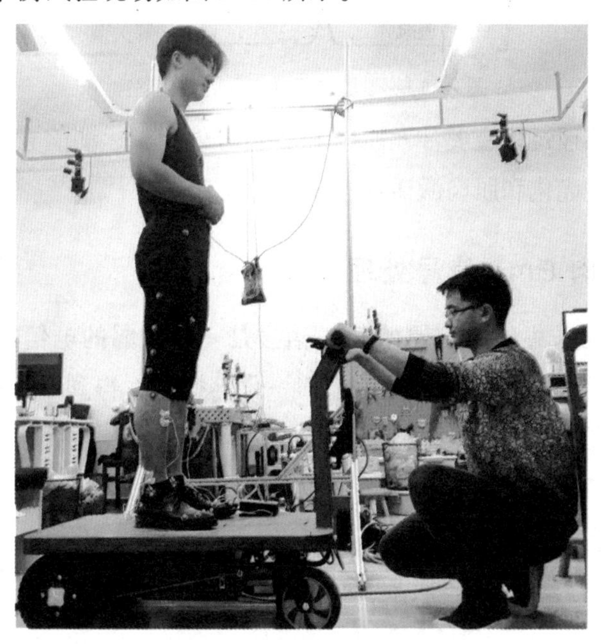

图 2-10　人体直立平衡试验现场

2.8　试验数据处理

本试验采集的试验数据包括移动车载平台运动信号（位置、速度、加速度）、人体运动信号（踝关节角度、CoM 位移和 CoM 速度）以及肌肉 Emg 信号（Sol 肌肉 EMG 信号和 Gas 肌肉信号）。

试验过程各信号的变化趋势如图 2-11 所示。

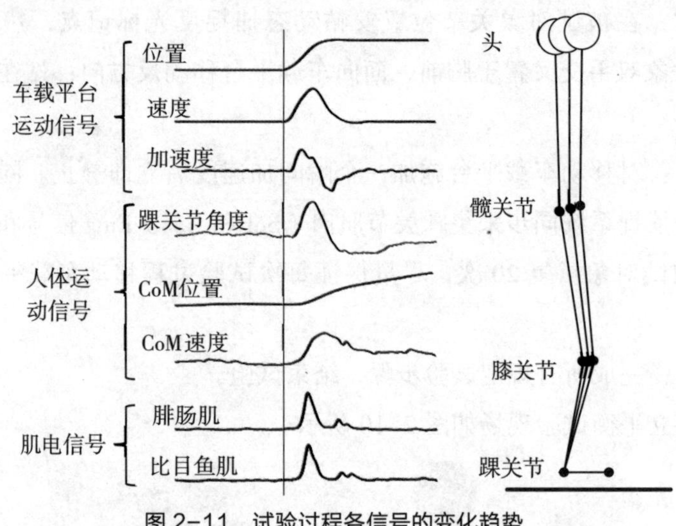

图 2-11　试验过程各信号的变化趋势

试验数据处理过程主要涉及肌肉 Emg 信号处理、运动信号处理、时间延迟计算、模型参数优化和肌肉激活量计算。

2.8.1 肌肉 Emg 信号处理

肌电采集仪采集的肌肉原始 Emg 信号是一种微弱的电信号，幅值区间为 0.1~5 mV。通过去工频干扰、滤波、归一化等操作后得到 0~1 的肌肉激活量，记为激活量 a 真实值。

肌肉 Emg 信号的处理流程如图 2-12 所示。

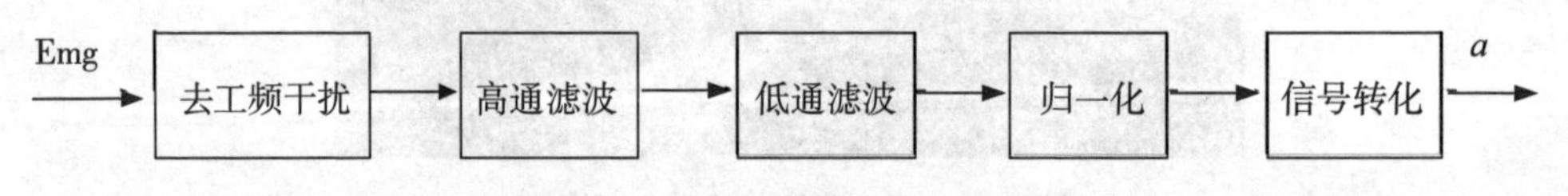

图 2-12　肌肉 Emg 信号的处理流程

肌肉 Emg 信号的具体处理流程如下：

（1）设计 Butterworth 带阻滤波器，滤除 49~51 Hz 范围内的工频信号。

（2）采用截止频率为 10 Hz 的四阶 Butterworth 滤波器，对取绝对值后的去工频信号进行高通滤波处理，滤除低频干扰。为避免相位延迟，对该信号进行正反双向高通滤波处理。

（3）采用截止频率为 3 Hz 的四阶 Butterworth 滤波器，将高通滤波处理后的信号进行低通滤波处理，获取肌电信号包络线。同样，对该信号进行正反双向低通滤波处理。

（4）将滤波处理后的 Emg 信号与 MVC 信号进行归一化处理，使得 Emg 信号取值范围为 0~1。

（5）采用二阶差分方程将 Emg 信号转化为肌肉刺激信号 $u(t)$。此过程的二阶差分方程表示为

$$u(t)=\alpha e(t-d)-\beta_1 u(t-1)-\beta_2 u(t-2) \tag{2-25}$$

其中，d 为肌电延迟信号；α，β_1，β_2 为二阶差分方程参数。

本书取 d=10 ms，α=2.25，β_1=1，β_2=0.25。另外，采用非线性处理将肌肉刺激信号 $u(t)$ 转化为肌肉激活量 $a(t)$。此过程表示为

$$a(t)=\frac{e^{Au(t)}-1}{e^{A}-1} \tag{2-26}$$

其中，A 为非线性处理因子，取值范围为 −3~0。

以被试对象 A 为例，采集的肌肉 Emg 信号经处理后，获得的 Gas 激活量以及 Sol 激活量如图 2–13 所示。

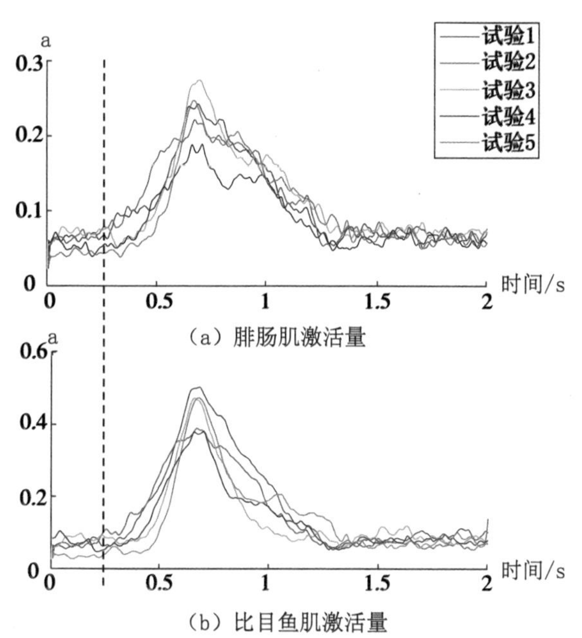

（a）腓肠肌激活量

（b）比目鱼肌激活量

图 2–13　被试对象 A 试验过程肌肉激活量

图 2–13 中，每种颜色代表一次的试验结果。人体直立平衡过程中，Gas 激活量峰值为 0.28 左右，Sol 激活量峰值为 0.55 左右。

2.8.2 运动信号处理

本书采用 Nokov 光学动作捕捉系统配套软件 NK-cortex 完成运动信号的后期处理工作。将试验过程中采集得到的光学信号，在 NK-cortex 软件中经模型对比、数据滤波和平滑处理后，可得到任意 marker 点和自定义关节的位置、速度、加速度等信号。

以被试对象 A 为例，采集的人体运动信号经处理后，得到踝关节角度和角速度。

被试对象 A 试验过程踝关节角度曲线如图 2-14 所示。

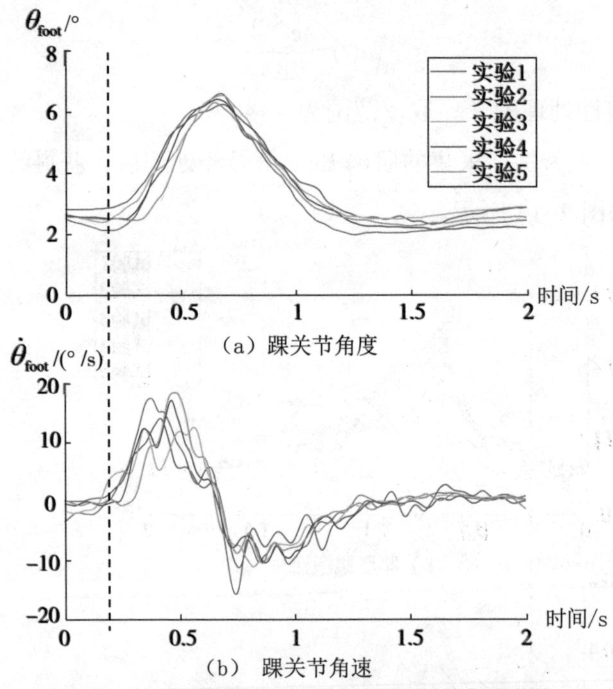

图 2-14 被试对象 A 试验过程踝关节角度曲线

图 2-14 中，每种颜色代表一次试验结果。被试对象站在车载平台上，当车载平台向后（被试面对的相反方向）移动时（虚线标记时刻），踝关节角度（θ_{foot}）以及角速度$\left(\dot{\theta}_{foot}\right)$快速增加。踝关节角度大约经过 0.3~0.4 s 达到最大踝关节角度值，然后又经过大约 0.4 s 恢复到原始平衡位置，踝关节偏离平衡位置最大角度和角速度分别为 4° 和 19° /s。

试验过程中，被试对象的 CoM 位移和 CoM 速度曲线如图 2-15 所示。

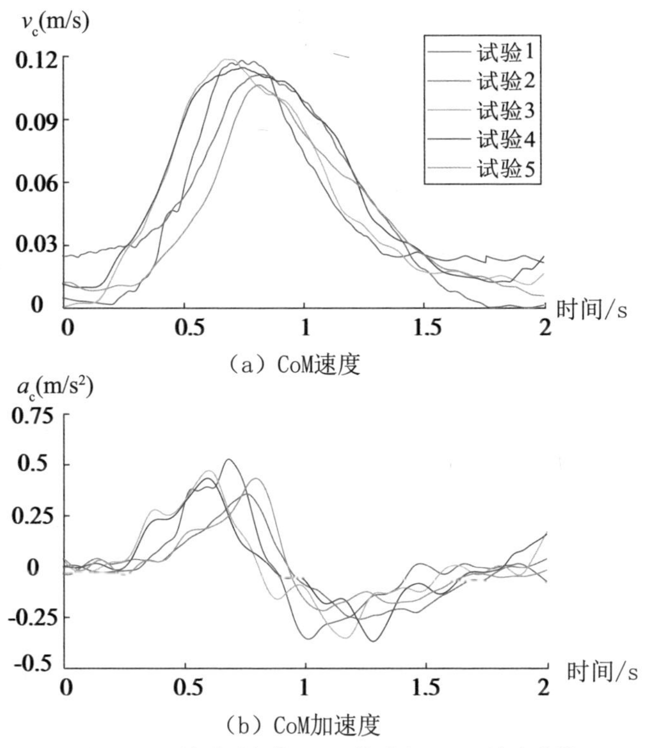

（a）CoM速度

（b）CoM加速度

图 2-15　被试对象的 CoM 位移和 CoM 速度曲线

人体直立平衡过程中，踝关节的摆动引起了被试对象 CoM 的变化，被试对象 CoM 位移速度（v_c）和 CoM 位移加速度（a_c）分别在 0~0.12 m/s 和 −0.3~0.5 m/s² 范围内波动。

2.8.3 时间延迟计算

本书采用互相关函数计算肌肉分层激活模型中时间延迟 δ 和 λ（以被试对象 A 为例）。

被试对象 A 的踝关节角度与 Sol 激活量的相关度如图 2-16 所示。

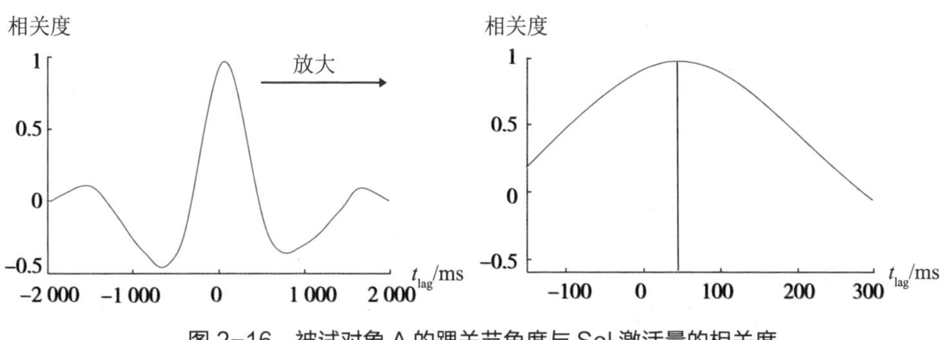

图 2-16　被试对象 A 的踝关节角度与 Sol 激活量的相关度

由图 2–16 可知，当 t_{lag}=45 ms 时，相关度系数取最大值。因此，被试对象 A 牵张反射的延迟时间为 45 ms。利用上述方法，计算所有被试对象的踝关节肌肉分层激活模型时间延迟。被试对象的肌肉分层激活模型时间延迟如表 2–3 所示。

表2–3　被试对象的肌肉分层激活模型时间延迟（单位：ms）

被试对象	Sol		Gas	
	δ	λ	δ	λ
A	45	132	43	117
B	38	102	40	109
C	50	125	52	136
D	40	137	37	128
E	42	114	40	121

由表 2–3 可知，肌肉牵张反射通道的时间延迟为 37~52 ms，姿态补偿通道的时间延迟为 102~137 ms。因此，牵张反射通道具有对干扰快速产生反应的能力。

2.8.4 模型参数优化

利用 CMA–ES 进行肌肉分层激活模型增益参数寻优，在肌肉分层激活模型中涉及 4 个增益参数。

设定种群大小为 100，最大迭代次数为 2 000。初值设定：踝关节角度增益参数 $G_l = 1$、角速度增益参数 $G_v = 1$、CoM 速度增益参数 $k_p = 1$ 和加速度增益参数 $k_d = 1$。

参数寻优过程中，采用肌肉分层激活模型估计的肌肉激活量估计值与试验记录的肌肉激活量真实值之间的方差占比（variance accounted for, VAF）评估两者之间的拟合度，作为适应度函数。VAF 定义为

$$\%\mathrm{VAF} = 100\left(1 - \frac{\mathrm{var}(a - \hat{a})}{\mathrm{var}(a)}\right)\% \tag{2–27}$$

其中，var( )表示取方差操作；a 为试验记录的肌肉激活量真实值；$\hat{a}$为肌肉分层激活模型的肌肉激活量估计值。

通过寻优计算得到被试对象 Gas 对应的肌肉分层激活模型增益参数。被试对象 Gas 对应模型参数优化结果如图 2-17 所示。

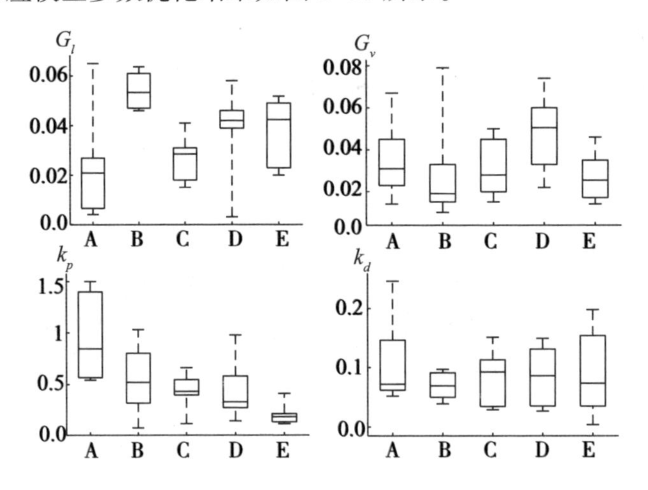

图 2-17　被试对象 Gas 肌肉对应模型参数优化结果

图 2-17 中，A~E 分别代表被试对象 A~E 的肌肉分层激活模型增益参数优化结果。

被试对象 Sol 对应模型参数优化结果如图 2-18 所示。

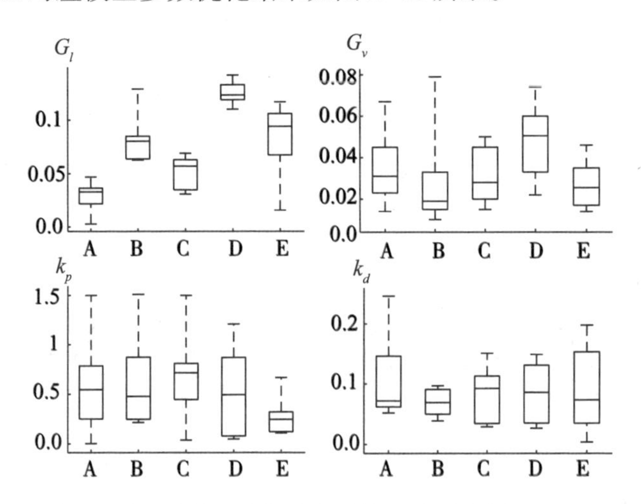

图 2-18　被试对象 Sol 对应模型参数优化结果

2.8.5 肌肉激活量计算

本书分别通过肌肉分层激活模型和传统肌肉牵张反射模型获取肌肉激活量。根据试验采集移动车载平台运动信号（位置、速度、加速度）和人体运动信号（踝关节角度、角速度、角加速度和 CoM 位置），利用优化所得的模型增益参数（G_l、G_v、k_v、k_d）和时间延迟（λ、δ），分别计算 Gas 和 Sol 的激活量，标记为激活量估计值。

Gas 激活量对比如图 2-19 所示，Sol 激活量对比如图 2-20 所示。

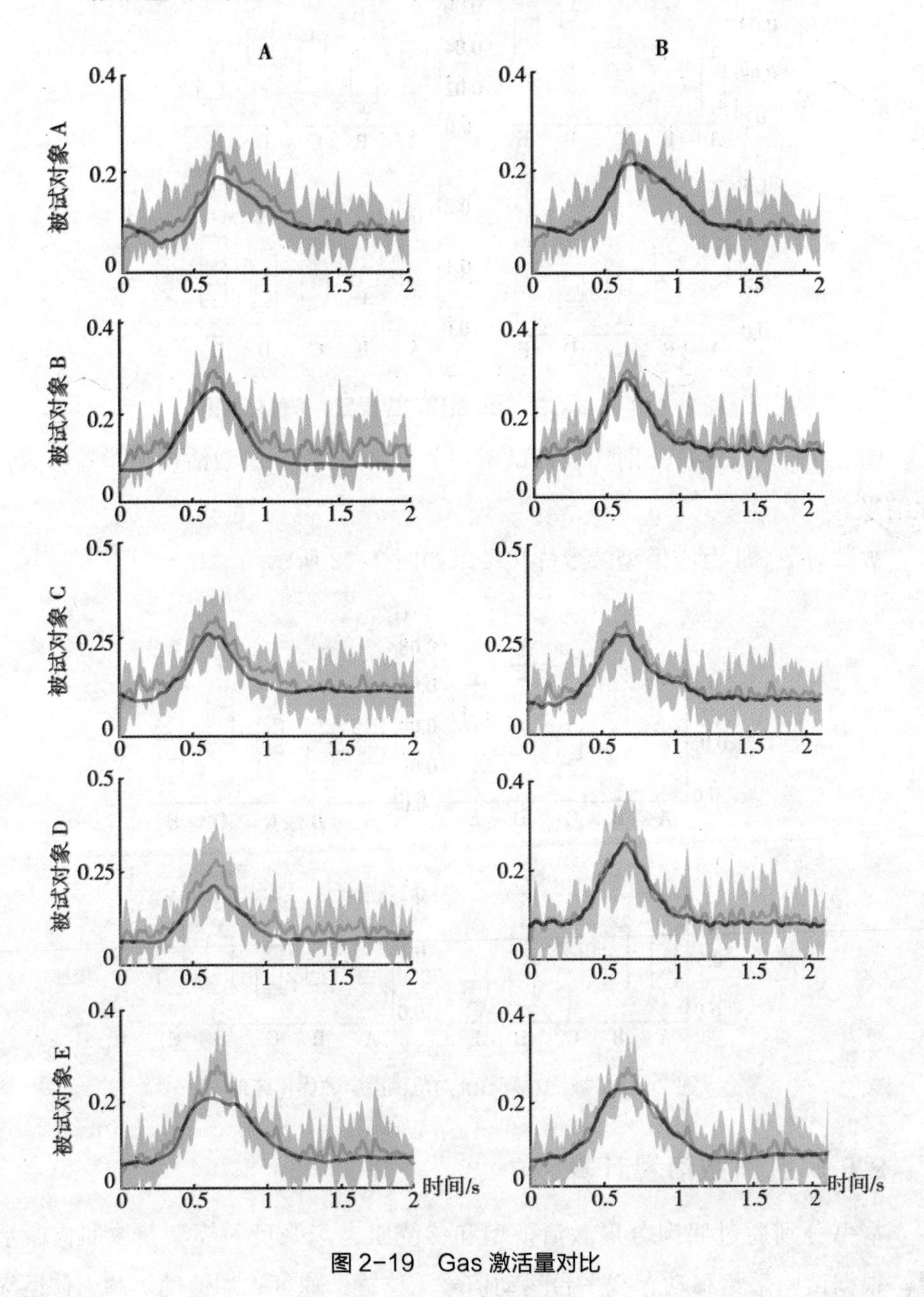

图 2-19　Gas 激活量对比

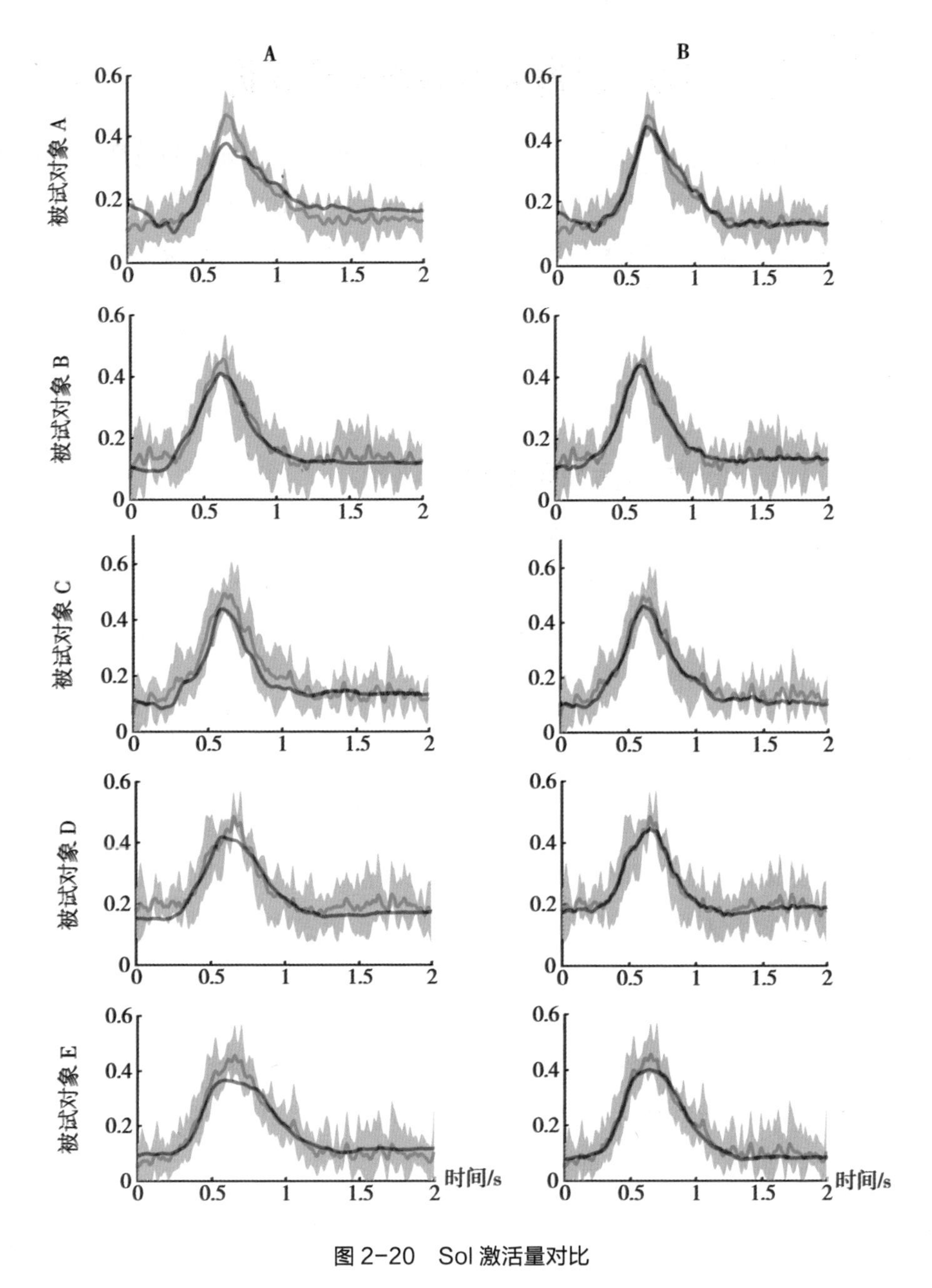

图 2-20　Sol 激活量对比

图 2-19 和图 2-20 中，灰色区域为试验记录肌肉激活量包络线，深灰色实线为记录值均方根，黑色实线为模型的肌肉激活估计值；A 列图为传统肌肉牵张反射模型的肌肉激活估计值与记录肌肉激活真实值对比图，B 列图为提出的肌肉分层激活模型的肌肉激活估计值与记录肌肉激活真实值对比图。

2.9 肌肉分层激活模型评价

本书通过分析试验结果，评价肌肉分层激活模型的准确性和模型中各通道的主要作用。首先，将 Gas 和 Sol 的激活量估计值与激活量真实值对比，初步评价肌肉分层激活模型的准确性；其次，采用激活量估计值与激活量真实值均方根之间的拟合度值 [式（2–27）] 作为模型精度指标，评价肌肉分层激活模型的准确性；最后，通过计算肌肉激活量估计过程中两个通道的权重因子，评价各通道的主要作用。

2.9.1 肌肉分层激活模型的精度评价

基于所提出的肌肉分层激活模型和模型增益参数，依托采集到的人体运动学信息，估计踝关节相关肌肉的激活量估计值。为了评价所提模型的准确性，本书利用肌肉分层激活模型和传统肌肉牵张反射模型，分别估计 Gas 和 Sol 的激活量估计值，并对比模型的 VAF 值。

Gas 的肌肉激活量真实值和估计值对比如图 2–19 所示，Sol 的肌肉激活量真实值和估计值对比如图 2–20 所示。图中灰色为实验记录肌肉激活量真实值的包络线，深灰色实线为真实值均方根。图中 A 列为传统肌肉牵张反射模型的激活量估计值与实验记录激活量真实值对比，B 列为所提出肌肉分层激活模型的激活量估计值与实验记录激活量真实值对比。由图可知，Gas 和 Sol 两个肌肉的模型估计量，表现出相同的特性。传统肌肉牵张反射模型的激活量估计值在直立抗扰中期，明显低于实验记录激活量真实值，这是因为此时高级神经中枢控制系统参与了肌肉的调节活动。在所提出的肌肉分层激活模型中，姿态补偿通道模拟高级神经中枢控制系统参与了肌肉的调节，所得到的肌肉激活量估计值更接近于实验记录激活量真实值。

本书将模型的肌肉激活量估计值与真实值均方根的 VAF 值作为模型精度指标。量化评价肌肉分层激活模型的精度，肌肉激活量估计值与真实值的拟合度如图 2–21 所示。其中，A 为传统肌肉反射模型的 Gas 肌肉激活量估计值与实验记录真实值的拟合度，均值为 82%；B 代表肌肉分层激活模型的 Gas 肌肉激活量估计值与实验记录真实值的拟合度，均值为 92%；C 为传统肌肉反射模型的 Sol 肌肉激活量估计值与实验记录真实值的拟合度，均值为 83%；D 代表肌肉分层激活模型的 Sol 肌肉激活量估计值与实验记录真实值的拟合度，均值为 93%。显然，与传统肌肉牵张反射模型相比，肌肉分层激活模型具有更高的肌肉激活量估计精度。

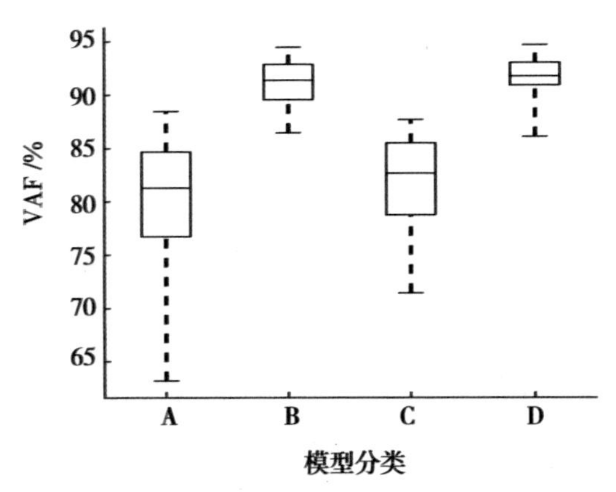

图 2-21　肌肉激活量估计值与真实值的拟合度

2.9.2 肌肉分层激活模型的通道作用评价

为了评价所提出的肌肉分层激活模型中两个通道的作用，计算肌肉激活估计过程中两个通道的权重因子。

肌肉分层激活模型各通道贡献比重如图 2-22 所示。

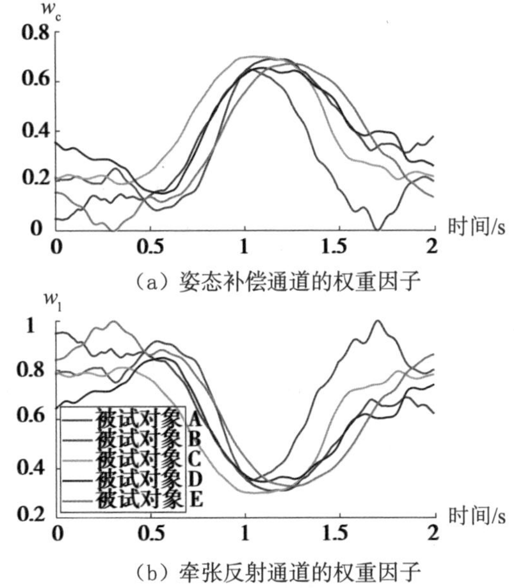

（a）姿态补偿通道的权重因子

（b）牵张反射通道的权重因子

图 2-22　肌肉分层激活模型各通道贡献比重

图 2-22 中，每种颜色代表一个被试者的肌肉分层激活模型通道权重因子结果，从中可以得出以下结论：

（1）5 个被试对象表现出相同的特性，在车载平台移动干扰初期肌肉牵张反射权重因子 w_l 处于峰值（0.65~0.95），然后急剧下降到 0.3 左右。

（2）伴随着肌肉牵张反射权重因子的下降，姿态补偿子系统权重因子 w_c 上升到 0.7 左右，然后下降到原始权重因子（0.01~0.4）。

（3）肌肉牵张反射通道在干扰的初期起主要作用，姿态补偿通道在干扰的主要作用阶段具有重要的补偿作用。将肌肉分层激活模型估计所得肌肉激活量进行分解，进一步评价所构建的肌肉分层激活模型中两个通道的互补作用。

肌肉分层激活模型评估肌肉激活评估量的分解图如图 2-23 所示。

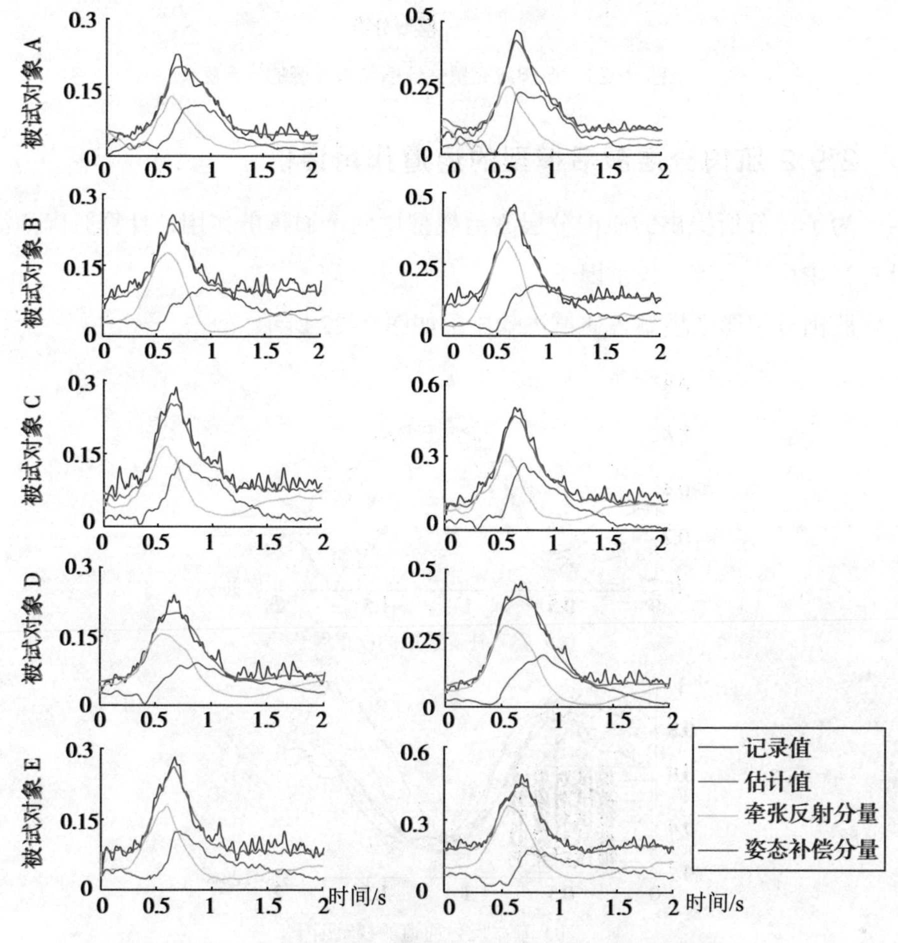

图 2-23　肌肉分层激活模型评估肌肉激活评估量的分解图

图 2–23 中，牵张反射分量表示肌肉牵张反射肌肉激活分量，姿态补偿分量表示姿态补偿肌肉激活分量。由图 2–23 可以得出以下结论：

（1）5 个被试对象肌肉激活量分解表现出相同的特性。

（2）牵张反射分量在干扰初期快速增大。

（3）姿态补偿分量在经历了较长时间的延迟后增大，其峰值与模型估计肌肉激活量峰值接近。

姿态补偿通道作用大约滞后肌肉牵张反射 100~200 ms，这是因为车载平台的移动干扰具有由脚底向上传的特点，人体较高的 CoM 造成了较长的干扰信号传播距离。这种特性使得肌肉分层激活模型保持快速性的同时，兼顾了估计准确性。

2.10　肌肉激活模型仿真验证

为了验证所提神经控制系统的有效性，本书基于 OpenSim 仿真平台进行了位于移动车载平台的人体直立平衡控制实验。简单地讲，OpenSim 是一款用于肌肉骨骼模型开发、仿真和分析的开放式软件平台，通过 OpenSim 能够动态模拟人体运动，从而研究人体肌肉骨骼形态、关节运动特征、肌肉 – 肌腱性质以及肌肉产生的关节力矩特性。本书采用的人体肌肉骨骼模型有 29 个自由度，代表身高 1.75 m，体重 75 kg，直立时质量重心 CoM 离足底高度为 1.09 m 的人体。所搭建的仿真平台如图 2–24 所示。

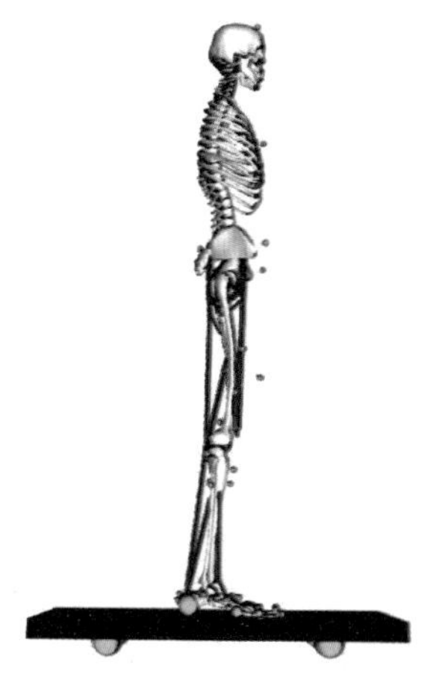

图 2–24　所搭建的 OpenSim 仿真平台

2.10.1 仿真实验设计

本章主要验证人体直立抗扰过程中踝关节相关肌肉的调节作用，因此将除踝关节以外的其他关节全部锁死，仿真过程仅留左右踝关节两个自由度。所涉及腓肠肌 (Gas) 和比目鱼肌 (Sol) 参数如表 2-4 所示。

表2-4　肌肉参数

参数名称	Sol	Gas
最大张力 /N	5 137.0	2 500
肌纤维原始长度 /m	0.1	0.1
肌肉—肌腱长度 /m	0.251 4	0.360 5

为了对比验证所提出的肌肉神经激活模型的优越性，本节分别设计了基于肌肉牵张反射的人体直立抗扰实验和基于所提肌肉神经激活模型的人体直立抗扰实验。两个控制算法都为计算 Gas 和 Sol 的肌肉激活量，进而将其赋予对应的肌肉，OpenSim 仿真平台实现了肌肉的收缩和作用力计算。

仿真实验过程中，车载平台进行一个加速—减速—停止的运动，车载平台运动过程中的位移、速度和加速度过程如图 2-25（a）、图 2-25（b）和图 2-25（c）所示。从图 2-25 中可以看出，车载平台的最大位移为 0.15 m，最大速度为 0.5 m/s，最大加速度为 0.17 m/s^2 和 −0.17 m/s^2。车载平台的运动过程具体为，在 300 ms 时间点车载平台开始运动，迅速达到 0.17 m/s^2 的加速度，持续 300 ms 后迅速以 −0.17 m/s^2 的加速度进行减速，减速过程持续 300 ms，车载平台整个运动时长为 900 ms。

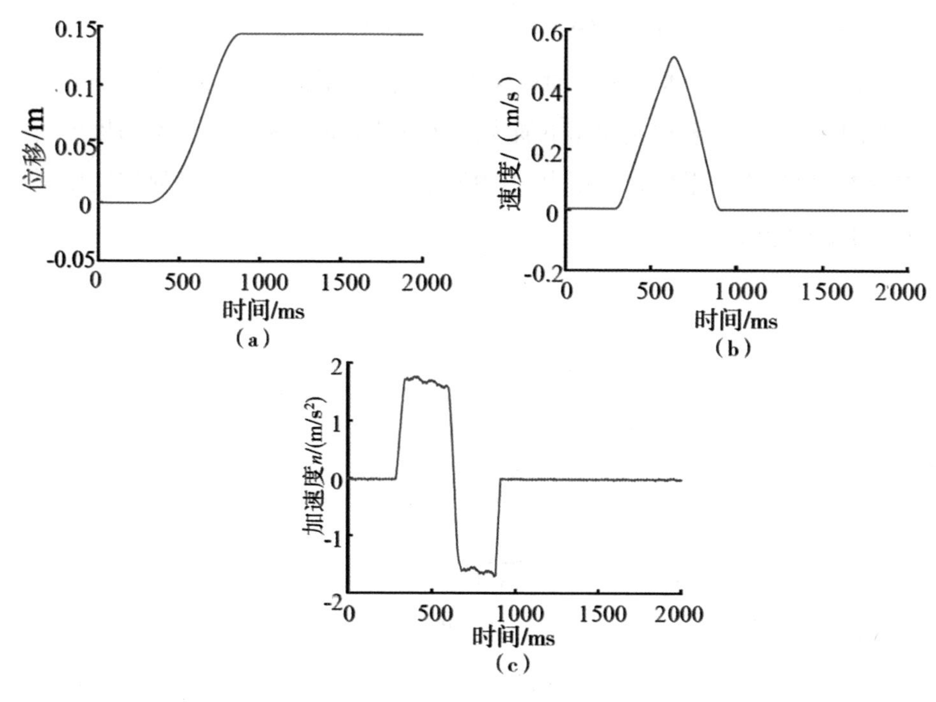

图 2–25　仿真实验过程中车载平台的运动状态

2.10.2 仿真试验结果

图 2–25 描述了本书所提出的神经控制和传统肌肉牵张反射控制作用下人体直立平衡控制结果，其中蓝色实线表示本书所提出的神经控制的实验结果，绿色表示传统肌肉牵张反射控制的实验结果。其中图 2–26（a）为人体直立抗扰过程中踝关节的变化曲线。在传统肌肉牵张反射控制作用下，移动车载平台在 300 ms 时间点处开始加速运动时，人体先向前倾斜到约 4.5° 位置，再向后倾斜约 1.5° 位置，最终稳定在 2.0° 的平衡位置。在本书提出的神经控制系统作用下，移动车载平台在 300 ms 时间点处开始加速运动时，人体先向前倾斜到约 4° 位置，再向后倾斜到约 1.9° 位置，向后倾斜的最小角度非常接近最终稳定的 2.0° 平衡位置。人体直立平衡过程中，身体的摆动使得人体重力产生一定的旋转力矩。因此，踝关节肌肉将要激活，进而产生合适的肌肉作用力，使得人体恢复到直立平衡位置。与传统肌肉牵张反射控制的结果相比，在本书提出的神经控制系统作用下，人体倾斜角度较小，调节到平衡位置所用的时间较短。这是因为在本书提出的神经控制系统中，CoM 的反馈子系统对肌肉牵张反

射控制进行了补偿，使得肌肉能够更充分地抵抗外界扰动。具体如图 2–26（b）和图 2–26（d）所示，本书提出的肌肉神经激活模型作用下肌肉激活量的峰值大于传统肌肉牵张反射控制作用下肌肉激活量的峰值。相应地，本书提出的肌肉神经激活模型作用下肌肉作用力的峰值也大于传统肌肉牵张反射控制作用下肌肉作用力的峰值。

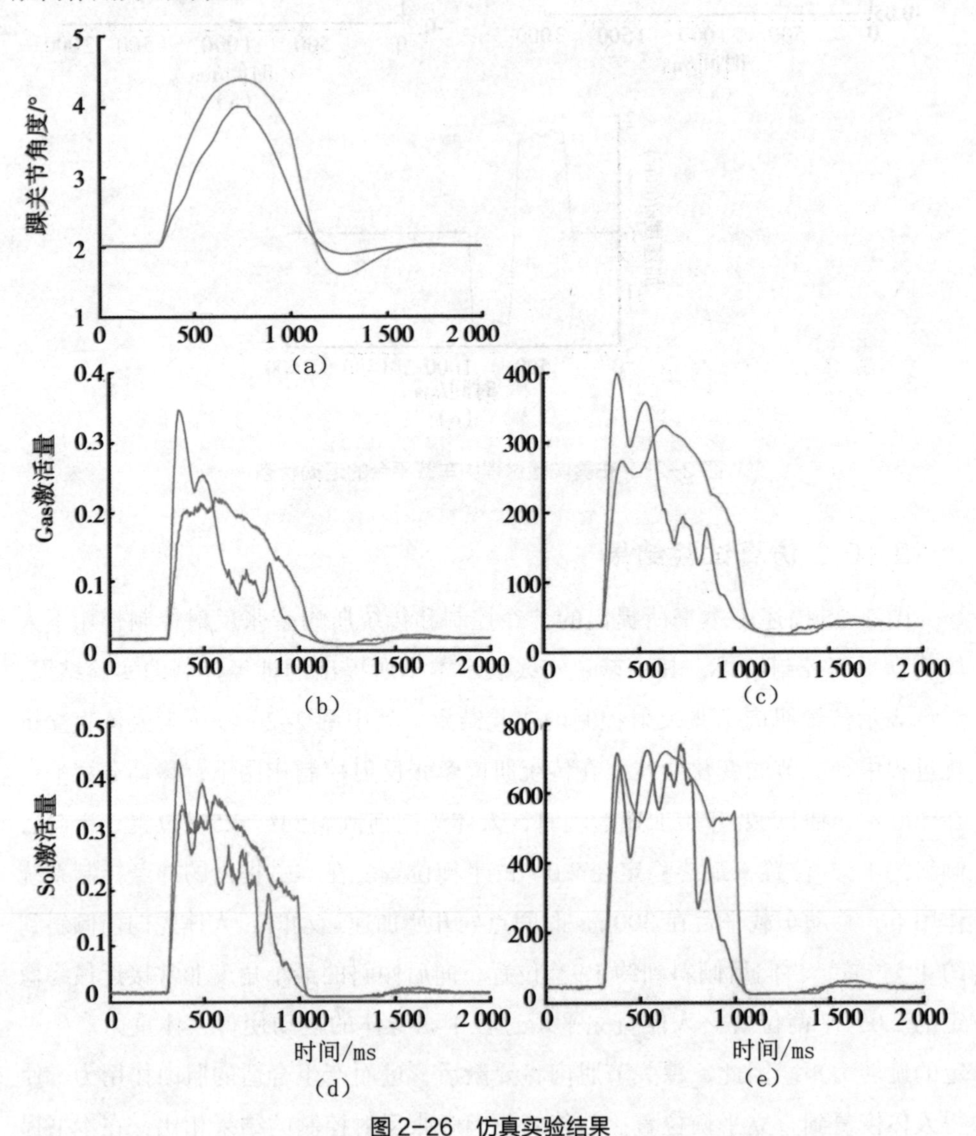

图 2–26　仿真实验结果

2.11　本章小结

本章针对现有神经肌肉激活模型存在环路复杂且涉及模型参数繁多的问题，根据车载环境中人体直立平衡的踝关节肌肉作用机理，采用分层结构控制方法，构建了人体直立平衡踝关节肌肉分层激活模型，并提出了获取肌肉牵张反射激活分量、姿态补偿激活分量和肌肉激活量等的方法；针对模型输入信号与肌肉激活量不同步的问题，提出了肌肉分层激活模型的时间延迟估计方法；提出了肌肉分层激活模型增益参数优化策略，进一步提高了肌肉分层激活模型对肌肉激活量的估计精度；通过试验验证了肌肉分层激活模型的精确性。

本章的主要工作及研究结果如下：

（1）针对现有神经肌肉激活模型存在环路复杂且涉及模型参数繁多的问题，根据车载环境中人体直立平衡的踝关节肌肉作用机理，采用分层结构控制方法，构建了人体直立平衡踝关节肌肉分层激活模型，主要由肌肉牵张反射通道、姿态补偿通道和激活分量融合单元等组成。肌肉牵张反射通道获取肌肉牵张反射激活分量，姿态补偿通道获取姿态补偿激活分量，两个分量经激活分量融合单元共同作用获得肌肉激活量。

（2）根据肌肉分层激活模型的快速性要求，提出了肌肉牵张反射激活分量获取方法。首先提出肌纤维长度信息计算方法，采用踝关节的简化几何结构模型，根据实时获取的踝关节角度信息，确定踝关节肌肉肌纤维长度，对其求导得出肌肉肌纤维伸缩速率；然后提出了肌肉牵张反射激活分量计算方法，根据实时获取的肌纤维长度和肌纤维伸缩速率，经时间延迟后，通过增益模型采用最优反馈增益参数，计算当前状态下的肌肉牵张反射激活分量。

（3）利用 CoM 反馈模型模拟姿态补偿作用机制，获取姿态补偿激活分量。首先提出了 CoM 信息计算方法，确定 CoM 位移信息；然后提出了姿态补偿激活分量计算方法，计算人体当前姿态下的姿态补偿激活分量。

（4）根据获取的肌肉牵张反射激活分量和姿态补偿激活分量，提出了具有时变权重的加权融合算法，肌肉牵张反射通道的权重因子与肌纤维长度变化量成正比，姿态补偿通道的权重因子与人体质量中心 CoM 的速度成正比，各通道的权重因子在 0~1 之间变化，一个通道的权重因子降低，则另一个通道的权重因子将增大，两个通道的权重因子之和保持为1。按此方法计算得到肌肉激活量。

（5）针对信号传输与处理中产生的时间延迟导致各通道输入信号与肌肉激活量不同步的问题，提出了肌肉分层激活模型中各通道的时间延迟估计方法，采用互相关函数，估计肌肉分层激活模型中各通道的时间延迟。

（6）为了使肌肉分层激活模型获取高精度的肌肉激活量，采用协方差矩阵优化策略（CMA-ES）对肌肉分层激活模型增益参数进行优化，实现了肌肉分层激活模型增益参数的寻优。

（7）为了验证所构建的人体直立平衡踝关节肌肉分层激活模型的准确性，构建了肌肉分层激活模型试验平台，由车载平台、同步控制器、肌电采集系统和 Nokov 光学动作捕捉系统（上位机 +8 个摄像头）等组成。通过试验对肌肉分层激活模型的精度和通道的作用进行了评价。试验结果表明，与传统肌肉牵张反射模型相比，本书构建的肌肉分层激活模型具有较高的肌肉激活量估计精度，从 82% 提高到 93%；牵张反射通道在干扰初期起主要作用，姿态补偿通道在经历了较长时间的延迟后作用增大。

本章研究结果“人体直立抗扰踝关节肌肉分层激活模型”中，基于肌肉肌纤维长度变化的肌肉牵张反射通道，保证了肌肉分层激活模型的快速性；基于 CoM 反馈的姿态补偿通道，提高了肌肉分层激活模型的准确性。肌肉分层激活模型可快速、准确地获取肌肉激活量，反映人体直立时踝关节肌肉收缩程度，是本书后续研究的基础。

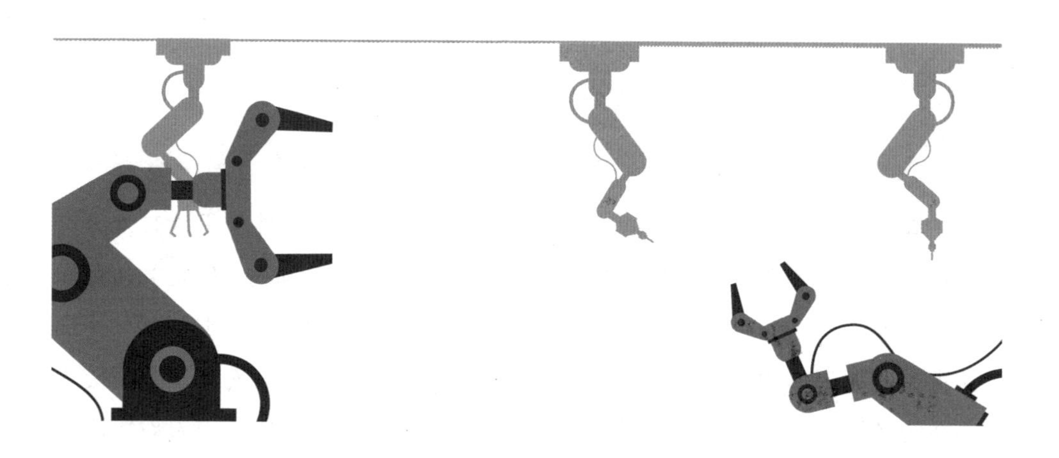

第 3 章　基于踝关节肌肉驱动机制的直立平衡仿生控制

车载环境中的人体踝关节神经肌肉控制机制是人体受到外界干扰时，神经控制系统通过刺激踝关节的跖屈肌肉群（plantar flexion muscle，PFM）和背屈肌肉群（dorsal flexion muscle，DFM）产生收缩动作（简称“肌肉驱动”），提供给踝关节期望作用力矩，实现直立平衡控制。车载双足机器人直立平衡仿生控制系统仿照人体踝关节神经肌肉控制机制提供给踝关节期望作用力矩作用于双足机器人踝关节，使得车载双足机器人在较小的车载平台加速或减速运动时，车载双足机器人能快速、准确地恢复到初始的直立平衡位置。

因此，本章在给出双足机器人踝关节直立平衡控制性能评价指标的基础上，针对常用的双足机器人控制方法存在灵活性和鲁棒性较差等问题，以肌肉分层激活模型为基础，提出基于踝关节肌肉驱动机制的直立平衡仿生控制方法（简称“直立平衡仿生控制方法”），模拟人体踝关节神经肌肉控制机制，估计车载双足机器人直立平衡过程中踝关节的期望作用力矩，使双足机器人具备较强的环境适应能力。首先，分析直立平衡仿生控制方法原理，根据肌肉分层激活模型构建虚拟肌肉激活模型，确定虚拟肌肉激活量；然后，构建踝关节虚拟肌肉力学模型模拟人体踝关节的 PFM 和 DFM，计算虚拟肌肉作用力；接着，构建踝关节驱动模型，计算踝关节期望作用力矩；最后，构建车载双足机器人直立平衡控制仿真试验平台，并验证直立平衡仿生控制方法的有效性和鲁棒性。

3.1 直立平衡控制性能评价指标

车载双足机器人的直立平衡是指车载平台加速或减速运动时，双足机器人保持直立平衡。为了量化车载双足机器人的直立平衡性能，定义抗扰周期（T_c）和摆动范围（θ_r）。

（1）抗扰周期 T_c：表征双足机器人直立平衡控制的快速性，其值等于在受到干扰后恢复到直立平衡位置所需要时间，值越小越好。

（2）摆动范围 θ_r：表征双足机器人直立平衡控制的稳定性，其值等于受到扰动后偏离平衡位置的角度范围，值越小越好。

双足机器人抗扰周期和摆动范围如图 3-1 所示。

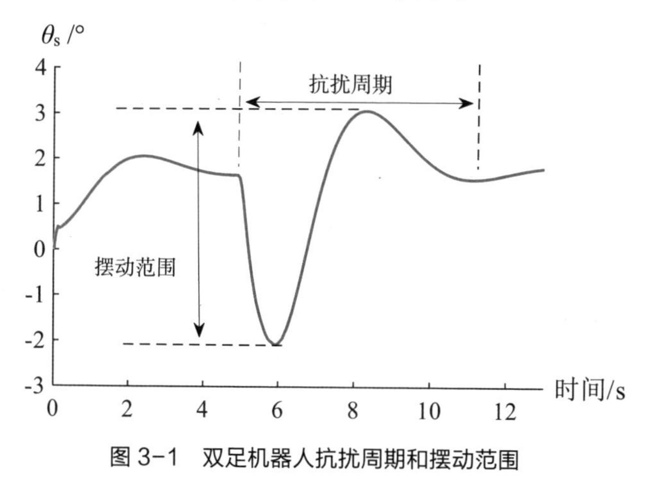

图 3-1　双足机器人抗扰周期和摆动范围

车载双足机器人直立平衡控制的目标是，研究并提出直立平衡控制方法，控制双足机器人踝关节作用力矩，使得车载双足机器人在车载平台加速或减速运动时，抗扰周期 T_c 和摆动范围 θ_r 都尽可能小，使车载双足机器人最终恢复到初始的直立平衡位置。

3.2　直立平衡仿生控制方法原理

双足机器人具有系统非线性、结构多变性等特点，其运动状态评估涉及众多传感器信息，使得控制系统较为复杂，控制难度大。目前，基于模型和基于行为的方法是双足机器人较为常用的控制方法。其中，基于模型的控制方法依赖双足机器人与所处环境的精确模型，当双足机器人处于未知环境时需要重新建模，适应性和鲁棒性较差。即使目前研究较多的与模糊控制、遗传算法等相结合的智能控制方案，也不能从根本上解决这一问题。基于行为的控制方法依托行为较为单一，控制的灵活性较差。

人类经过漫长的进化，具备快速反应能力的同时，对复杂环境也具有极强的适应能力，其得益于完善的人体神经力学控制系统，这为车载双足机器人直立平衡研究提供了最好的参照。车载环境中的人体直立平衡踝关节控制机制是人体受到外界干扰时，神经控制系统通过刺激踝关节的 PFM 和 DFM，使其产生收缩动作，提供给踝关节期望作用力矩，实现直立平衡控制。

因此，本书针对常用的双足机器人控制方法存在灵活性、鲁棒性均较差等问题，仿照人体踝关节神经肌肉控制机制，以人体直立平衡踝关节肌肉分层激活模型为基础，提出基于踝关节肌肉驱动机制的直立平衡仿生控制方法，估计车载双足机器人直立平衡过程中踝关节的期望作用力矩，使双足机器人具备较强的环境适应能力。直立平衡仿生控制方法的原理示意图如图 3–2 所示。

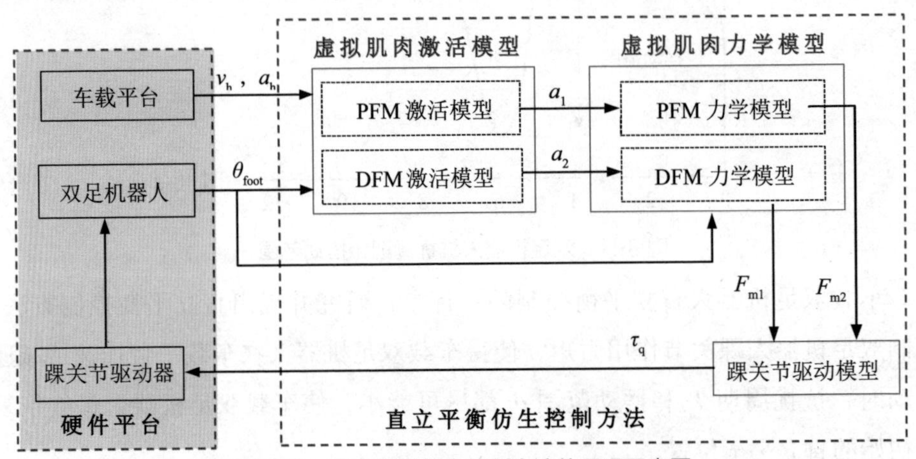

图 3–2　直立平衡仿生控制方法的原理示意图

直立平衡仿生控制方法的原理如下：

（1）模拟人体 PFM 和 DFM 的作用机制，构建虚拟肌肉激活模型，根据双足机器人踝关节角度 θ_{foot} 和车载平台运动信息（v_h，a_h），分别获取 DFM 激活量（a_2）和 PFM 激活量（a_2）。

（2）同时构建 PFM 和 DFM 力学模型，根据肌肉激活量（a_1，a_2）大小，计算当前状态下的虚拟肌肉作用力（F_{m1}，F_{m2}）。

（3）构建踝关节驱动模型，根据虚拟肌肉作用力（F_{m1}，F_{m2}）大小，计算得到当前状态下的踝关节期望作用力矩（τ_q）。

3.3　虚拟肌肉激活模型

根据第 2 章对人体直立平衡踝关节肌肉分层激活模型的研究可得，人体直立平衡过程中踝关节相关肌肉激活主要涉及两个主要的组成部分：肌肉牵张反射控制模型和 CoM 反馈控制模型，其中 CoM 反馈控制模型可视为前馈补偿项。具体到车载双足机器人的直立平衡控制系统，由于 CoM 的精确计算依托精确的双足机器人设计机械结构，并且涉及各关节的实时运动信息，在工程实践过程中较难实现。CoM 的主要作用为预测机器人平衡姿态，对于车载双足机器人，车载平台运动是影响双足机器人直立平衡的主要因素。从这个层面上讲，可利用车载平台运动信息替代 CoM 运动信息完成前馈补偿控制。因此，本章采用车载平台运动信息评估外界干扰，提供双足机器人直立平衡的前馈补偿项。基于此，本章构建虚拟肌肉激活模型，包括 PFM 激活模型和 DFM 激活模型。根据双足机器人踝关节角度和车载平台运动信息，计算 PFM 激活模型和 DFM 激活模型当前状态下的虚拟肌肉激活量 a_1 和 a_2。具体来说，本章设计的肌肉激活模型涉及两个子系统：虚拟肌肉牵张反射控制和基于车载平台运动信息实现前馈补偿控制。

3.3.1 虚拟肌肉牵张反射控制

根据对人体肌肉激活模型的研究可得，肌肉牵张反射属于低级神经控制系统，仅与肌肉肌纤维长度及其变化量有关，可描述为基于肌纤维长度变化量的 PD 控制模型。因此，虚拟肌肉牵张反射控制的肌肉激活分量可表示为

$$a_r(t) = k_{pl}\Delta l_{\mathrm{CE}}(t) + k_{dl}\dot{l}_{\mathrm{CE}}(t) \tag{3-1}$$

其中，k_{pl}、k_{dl} 分别为虚拟肌肉肌纤维长度变化量及其变化速率的增益系数；$\Delta l_{\mathrm{CE}}=l_{\mathrm{CE}}-l_0$，为肌纤维长度变化量；$l_0$为肌纤维初始长度；$\dot{l}_{\mathrm{CE}}$为肌纤维长度变化速率。

由对踝关节几何模型的研究可得，踝关节相关肌肉肌纤维长度与踝关节角度线性相关，可表示为

$$\Delta l_{\mathrm{CE}}(t) = K(\theta_{\mathrm{foot}}(t) - \theta_{\mathrm{ref}}) \tag{3-2}$$

其中，$\theta_{\mathrm{foot}}(t)$为踝关节的实时角度；$\theta_{\mathrm{ref}}$ 为双足机器人平衡状态的踝关节角度。

定义机器人直立抗扰过程踝关节摆动角$\theta_{\mathrm{s}}(t) = \theta_{\mathrm{foot}}(t) - \theta_{\mathrm{ref}}$，基于此，虚拟肌肉牵张反射控制的肌肉激活分量可重新表示为

$$a_r(t) = G_l\theta_{\mathrm{s}}(t) + G_v\dot{\theta}_{\mathrm{s}}(t) \tag{3-3}$$

其中，G_l、G_v分别为踝关节摆动角和其一阶导数项的增益系数。

机器人属于机电系统，因此其仿生控制可不考虑信号传输延迟。为了更好地体现踝关节角度变化量对虚拟肌肉激活量的影响，本书引入工程实践过程中总结出来的具有“小误差大增益，大误差小增益”特性的非线性增益函数，能够有效解决因为增益系数过大引起的输入饱和问题，使得控制模型具备更好的控制精度和动态品质。增益系数采用如下公式计算：

$$\begin{cases} G_l = \dfrac{K_l}{1+\mathrm{e}^{k(N_l-0.5)}} \\ G_v = \dfrac{K_v}{1+\mathrm{e}^{k(N_v-0.5)}} \end{cases} \tag{3-4}$$

其中，K_l、K_v为系数确定量；k、N_l、N_v系数共同决定增益系数的非线性率，取值越大非线性率就越高。

3.3.2 前馈补偿控制

对于车载双足机器人的直立抗扰平衡控制而言，主要直立干扰源为车载平台的加速和减速运动。不同的加速度给予位于其上的双足机器人不同大小的直立平衡干扰。基于此可利用车载平台的运动信息，即车载平台的速度和加速度信号，计算双足机器人直立平衡控制的前馈补偿分量。本书利用基于车载平台运动信息的开环 PD 控制，作为前馈补偿控制评估虚拟肌肉激活前馈补偿分量，可表示为

$$a_a(t) = k_p v(t) + k_d a(t) \tag{3-5}$$

其中，v和a分别表示车载平台的速度和加速度；k_p与k_d分别为速度与加速度的增益量。

3.3.3 信息融合

虚拟肌肉牵张反射控制和前馈补偿控制两个子系统的控制分量通过“信息融合”模块共同估计仿肌肉模型激活量。采用 2.4 节介绍的加权法进行“信息融合”操作，仿肌肉激活量可表示为

$$a(t) = a_0 + w_r(t)a_r(t) + w_{\mathrm{c}}(t)a_a(t) \tag{3-6}$$

其中，a_0为虚拟肌肉预激活量；$a_r(t)$为虚拟肌肉牵张反射激活分量，其权重值表示为 $w_r\ (t)$ ；$a_a(t)$为前馈补偿肌肉激活分量，其权重值为 $w_c\ (t)$ 。对人体肌肉神经激活机制的研究表明，各个控制子系统的权重值与其控制分量成正比关系，因此子系统权重值可表示为

$$\begin{cases} w_r = \dfrac{a_r(t)}{a_r(t)+a_a(t)} \\ w_c = \dfrac{a_a(t)}{a_r(t)+a_a(t)} \end{cases} \tag{3-7}$$

由上式可得，虚拟肌肉激活子系统的权重因子在 0 到 1 之间变化。一个子系统的权重因子降低，则另一个子系统的权重因子将相应地增大，两个子系统的权重因子之和保持为 1。

3.4　踝关节虚拟肌肉力学模型

人体运动过程中，骨骼肌在神经系统控制和肌肉状态的共同影响下进行收缩，为关节运动提供力矩支持。肌肉 – 肌腱单元决定了关节的力学特性，肌肉力学模型从机械层面给出了肌肉 – 肌腱单元的数学描述。为了使双足机器人能够模仿人体直立抗扰平衡过程中骨骼肌的作用机制，本节基于 Hill 肌肉模型，建立完善的踝关节虚拟肌肉力学模型，实现车载双足机器人直立抗扰平衡踝关节力矩建模。

3.4.1 骨骼肌基本结构

人体大约有 639 块肌肉，按照结构和功能的不同，人体肌肉可分为平滑肌、心肌和骨骼肌三种。骨骼肌有别于其他肌肉，参与人体关节与骨骼的运动。其末端通过肌腱附着于骨骼，在人体神经系统和肌肉状态的影响下，实现自主收缩，进而产生肌肉收缩力。肌肉收缩力在肌腱的传递下作用于骨骼，引起骨骼在关节处的自主运动。也就是说在人体神经系统支配下，骨骼肌收缩产生肌肉收缩力，为人体关节运动提供动力支持。

本书将骨骼肌收缩机制引入双足机器人的控制中去，使得双足机器人关节

驱动能够模拟人类关节运动方式，具有灵活的运动性能。本节主要介绍肌肉力学模型及其在双足机器人直立抗扰平衡踝关节控制中的实现。一般来说，人体踝关节主要由趾屈肌肉和背屈肌肉驱动。趾屈肌肉主要包括比目鱼肌和腓肠肌，背屈肌肉主要包括胫骨前肌。每块肌肉都与骨骼相连，可简化为肌肉－肌腱复合体模型（muscle-tendon complex，MTC）。肌肉－肌腱复合体模型可以利用伸缩单元（contractile element，CE）和串联弹性单元（series elastic element，SEE）的组合模拟，如图 3-3 所示。其中，串联弹性单元（SEE）具有非线性弹簧性质。伸缩单元（CE）由 3 个并联结构组成：基于正力反馈的 Hill 模型肌肉纤维组织（muscle fibers，MF），过伸缩限制并联弹性单元（high-limit paralle elastic，HPE）和过压缩限制并联弹性结构（low-limit paralle elastic，LPE）。肌纤维长度（l_{CE}）为衡量肌肉状态的重要指标，其中肌肉肌纤维的最优长度（l_{opt}）为肌肉提供最大收缩力 F_{max} 时的长度，此时 $l_{CE}=l_{opt}$。如果伸缩单元（CE）被拉伸超过其最优长度，此时 $l_{CE}> l_{opt}$，过伸缩限制并联弹性单元（HPE）开始起作用，也就是说过伸缩限制并联弹性单元（HPE）防止了伸缩单元（CE）被过度拉伸。相反地，过压缩限制并联弹性单元（LPE）防止伸缩单元（CE）被过度压缩。具体工作机理如下文介绍。

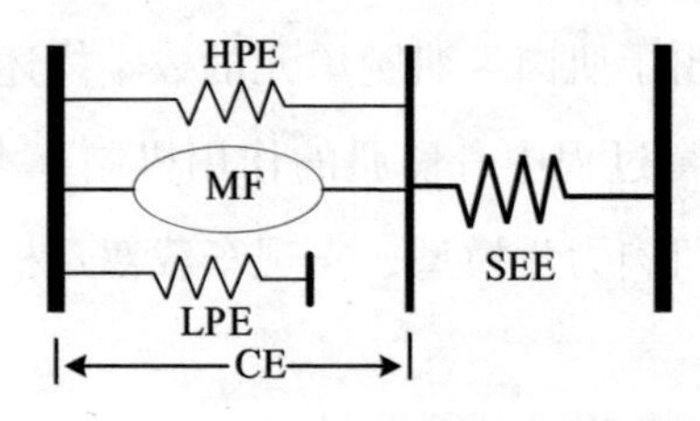

图 3-3　肌肉－肌腱复合体模型

3.4.2 伸缩单元

伸缩单元（CE）的主要组成部分为具有收缩特性的 Hill 肌纤维组织（MF），其主要完成肌肉的主动收缩动作，由神经系统支配，同时受多种因素的影响，具体物理表现为提供单方向的肌肉收缩力。其作用力 FMF 由肌纤维长度（l_{CE}）、肌纤维收缩速度（v_{CE}）、肌肉激活量（a）和肌肉处于静息长度时所能产生的最大等长收缩力 F_{max} 共同决定，可用如下的计算公式表示：

$$F_{MF}=a(t)F_{max}f_l(l_{CE})f_v(v_{CE}) \tag{3-8}$$

其中，$f_l(l_{CE})$为肌肉作用力－肌纤维长度关系函数；$f_v(v_{CE})$为肌肉作用力－肌纤维长度变化速率关系函数。为了准确计算肌肉在主动收缩过程中产生的主动收缩力，需要对上述因素分别进行分析。

肌肉作用力－肌纤维长度函数描述了肌肉作用力与肌纤维长度间的作用关系，肌肉在主动收缩过程中，肌纤维长度时刻发生变化，肌肉主动收缩力也随之发生变化。肌肉作用力－肌纤维长度函数可描述为如图 3–4 所示的钟形函数曲线，用如下的计算公式表示：

$$f_l(l_N) = \exp\left[c\left|\frac{l_N - 1}{w}\right|^3\right] \tag{3-9}$$

其中，w 决定这钟形函数曲线的宽度；l_s 表示归一化的肌纤维长度；c 代表钟形函数曲线接近顶点处的幅值，本书设定 c=ln（0.05），满足：

$$f_l(l_N = (1 \pm w)) = 0.05 \tag{3-10}$$

归一化概念的引入在一定程度上解决了不同肌肉间的差异性问题，使得肌肉作用力与肌纤维长度的关系更加一般化。归一化的肌纤维长度 l_N 可以通过肌纤维实时长度与肌纤维静息长度之比确定，计算公式如下：

$$l_N = \frac{l_{CE}}{l_0} \tag{3-11}$$

其中，l_0 为肌纤维的静息长度，归一化后的肌纤维长度取值范围为 0~2。

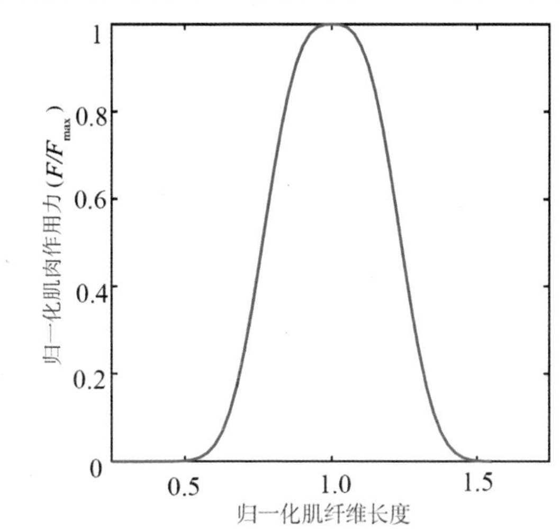

图 3–4　归一化肌肉作用力－归一化肌纤维长度函数图

从图 3–4 中可以看出，随着肌纤维长度的逐渐增大，归一化肌肉作用力呈先增大后减小的趋势，在归一化的肌纤维长度为 1 左右时，即设定的肌纤维长度接近静息长度时，归一化肌肉作用力为最大值 1，即肌纤维产生肌肉能够达到的最大作用力，而在归一化的肌纤维长度小于 0.5 或大于 1.5 时，归一化肌肉作用力接近 0，此时肌纤维几乎不产生主动收缩力。

肌肉作用力 – 肌纤维长度变化函数反映肌肉主动收缩力随着肌肉收缩速度变化的关系。肌肉的收缩速度不同，其主动收缩力也不同，其关系可用如图 3–5 所示的“S”形图表示，函数定义为

$$f_v(v_{\mathrm{CE}})=\begin{cases}(1-v_N)/(1+Kv_N), & v_N<0\\ N+(N-1)\dfrac{(1+v_N)}{7.56v_N-1}, & v_N\geqslant 0\end{cases} \tag{3–12}$$

其中，v_N表示归一化的肌纤维收缩速度；K 为曲率常数；N 为归一化的无量纲肌肉力常数。归一化的肌纤维收缩速度v_N可以通过肌纤维实时收缩速度与肌纤维能够达到的最大收缩速度之比得到，计算公式如下：

$$v_N=\frac{v_{\mathrm{CE}}}{v_{\max}} \tag{3–13}$$

其中，$v_{\max}$为肌纤维能够达到的最大收缩速度。

图 3–5 所示为肌肉作用力 – 肌纤维长度变化速率函数图，反映了肌肉处于三种状态的情况：等长收缩、被动拉伸收缩和主动压缩收缩。归一化的肌纤维收缩速度为零时，肌肉处于等长收缩状态，归一化肌肉作用力为 1 时，肌肉可以达到最大的肌肉等长收缩力 $F_{\max}$；曲线左侧反映的是归一化的肌纤维收缩速度小于零时的肌肉主动压缩收缩状态，收缩速度绝对值越大，归一化肌肉作用力越小，即肌肉产生的肌肉作用力越小；曲线右侧反映的是归一化的肌纤维收缩速度大于零时的肌肉被动拉伸收缩状态，收缩速度绝对值越大，归一化肌肉作用力越大，即肌肉产生的肌肉作用力越大，而且超过了肌肉在静息长度时所能产生的最大等长收缩力 $F_{\max}$，超出的肌肉作用力是由肌纤维膜等组织被动拉伸产生的肌肉作用力分量。

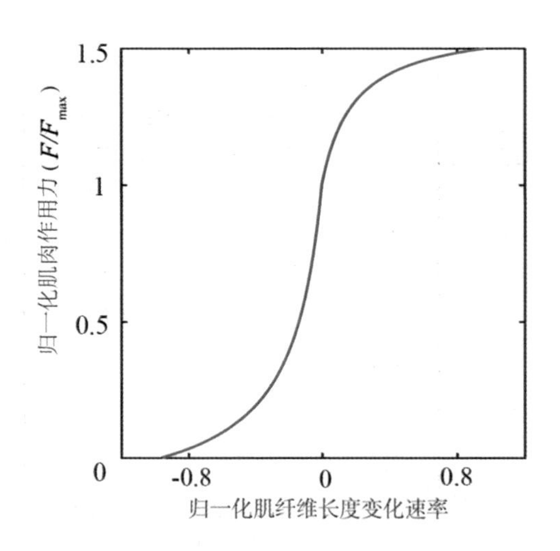

图 3-5　归一化肌肉作用力 - 归一化肌纤维长度变化速率函数图

3.4.3 并联弹性单元

并联弹性单元为肌纤维周围的肌纤维膜等组织的弹性变形，其作用力大小不受神经系统的支配，只受到肌纤维的拉伸或收缩的影响。其中过拉伸限制弹性结构（HPE）在肌纤维长度超过肌纤维的静息长度时起作用，其作用力情况可描述为一个与肌纤维长度相关的二次方程。过拉伸限制弹性结构（HPE）在肌纤维长度小于肌纤维的静息长度时不起作用，肌肉作用力为 0。HPE 的作用力 - 肌纤维长度关系函数如图 3-6 左边所示，描述为：

$$F_{\mathrm{HPE}}(l_{\mathrm{CE}})=\begin{cases}\left[(l_N-1)/w\right]^2, & l_N>1\\ 0, & \text{otherwise}\end{cases} \tag{3-14}$$

过压缩限制弹性结构（LPE）在肌纤维长度低于设定临界点时起作用，其作用力情况也可描述为一个肌纤维长度相关的二次方程。本书中的将临界点设定为$1-w$，w 为肌肉作用力 - 肌纤维长度钟形函数的曲线宽度。肌纤维长度大于此设定临界点时过压缩限制弹性结构（LPE）不起作用，肌肉作用力为 0。LPE 的作用力 - 肌纤维长度函数如图 3-6 右边所示，可表示为

$$F_{\mathrm{LPE}}(l_{\mathrm{CE}})=\begin{cases}\dfrac{2\left(l_N-1+w\right)^2}{w}, & l_N\leqslant 1-w\\ 0, & \text{otherwise}\end{cases} \tag{3-15}$$

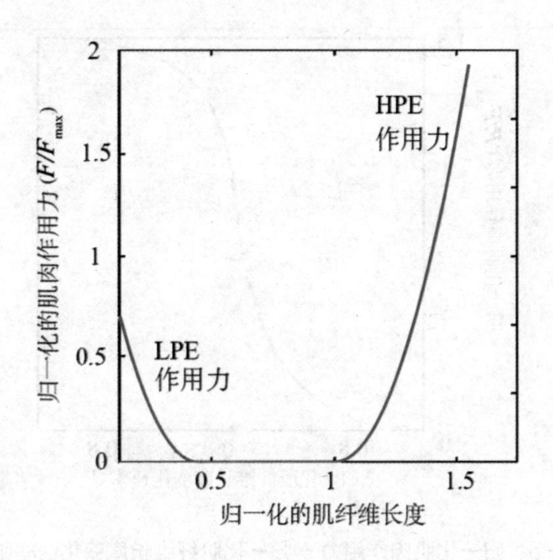

图 3-6　HPE和LPE中肌纤维长度与肌肉作用力关系图

由图 3-3 所示的肌肉－肌腱复合体模型示意图可得，肌肉伸缩单元（CE）与过拉伸限制弹性结构（HPE）和过压缩限制弹性结构（LPE）并联，其作用力满足叠加定律，因此收缩单元作用力（FCE）可表示为

$$F_{\mathrm{CE}} = F_{\mathrm{MF}}(l_{\mathrm{CE}}, v_{\mathrm{CE}}, a) + F_{\mathrm{HPE}} - F_{\mathrm{LPE}} \tag{3-16}$$

在肌肉－肌腱复合体模型中，收缩单元（CE）和串联弹性单元（SEE）串联，因此以下等式成立：

$$F_{\mathrm{CE}} = F_{\mathrm{SEE}} = F_{\mathrm{MTC}} \tag{3-17}$$

其中，F_{SEE} 为串联弹性元素（SEE）的作用力；FMTC 为肌肉－肌腱复合体结构作用力。

3.4.4 串联弹性单元

串联弹性单元主要指连接伸缩单元与骨骼之间的肌腱，与伸缩单元之间存在羽化角ϕ。串联弹性单元反映肌腱的被动特性，只要伸缩单元产生收缩力，串联弹性单元便会在伸缩单元的拉伸下处于受力状态，呈现出被动特性。其受力分析可表示为一个采用非线性弹簧模型，可描述为

$$F_{\mathrm{SEE}} = \begin{cases} F_{\max}(\varepsilon / \varepsilon_{\mathrm{ref}})^2, & \varepsilon > 0 \\ 0, & \varepsilon \leqslant 0 \end{cases} \tag{3-18}$$

其中，ε 表示肌腱应变系数；ε_{ref}为$F_{\text{SEE}}=F_{\max}$时的肌腱参考应变系数。实际运用过程中，肌腱应变被定义为

$$\varepsilon=\frac{l_{\text{SSE}}-l_{\text{s}}}{l_{\text{s}}} \tag{3-19}$$

其中，l_{SSE} 为 SSE 的长度；l_{s} 为静态肌腱长度，为一常数值。

3.5　踝关节驱动模型

双足机器人踝关节的驱动模型示意图如图 3-7 所示。PFM 肌肉力学模型和 DFM 肌肉力学模型分别通过力臂 r_p 和 r_d 作用于双足机器人踝关节。

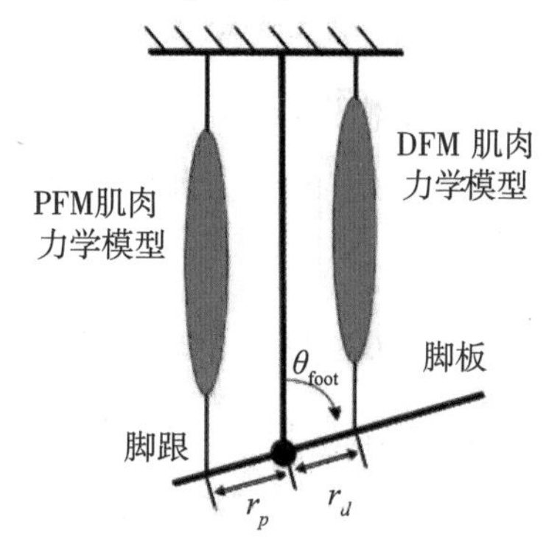

图 3-7　双足机器人踝关节的驱动示意图

根据肌肉力学模型可得，肌肉驱动器的作用力可通过肌肉激活程度（a）、肌纤维长度（l_{CE}）和肌纤维收缩速度（v_{CE}）等肌肉状态量计算得到。肌肉驱动器作用力与肌肉作用力臂用于计算踝关节期望作用力矩。肌肉激活量可根据肌肉激活模型，由踝关节角度和机器人质量中心数据计算所得，肌纤维长度和肌纤维长度变化量可利用人体踝关节角度通过踝关节几何模型计算得出。

如图 3-7 所示，踝关节角度定义为脚板与小腿的夹角。肌肉 - 肌腱复合体长度 l_{MTC} 随踝关节角度的变化而变化。实际上，肌肉 - 肌腱复合体长度变化量可表示为

$$\Delta l_{\text{MTC}}=r\rho(\sin(\theta_{\text{foot}}-\theta_{\max})-\sin(\theta_{\text{ref}}-\theta_{\max})) \tag{3-20}$$

其中，r 为跖屈肌肉和背屈肌肉相对人体踝关节的连接半径；ρ 为比例因子，代表肌肉伸缩单元与串联弹性单元之间的纤维羽化角，θ_{ref}为 $l_{\text{CE}}=l_{\text{opt}}$ 时的踝关节参

考角度，θ_{max}为踝关节能达到的最大角度。当踝关节角度为θ_{ref}时，肌肉—肌腱复合体长度为

$$l_{MTC0} = l_s + l_{opt} \tag{3-21}$$

其中，l_s为静态肌腱长度。因此任意踝关节角度是，肌肉－肌腱复合体长度可通过下式计算得到：

$$l_{MTC} = r\rho(\sin(\theta_{foot} - \theta_{max}) - \sin(\theta_{ref} - \theta_{max})) + l_s + l_{opt} \tag{3-22}$$

肌纤维长度为肌肉－肌腱复合体模型中总长度与串联弹性单元长度之差，可以由下式计算得到：

$$l_{CE} = l_{MTC} - l_{SSE} \tag{3-23}$$

其中，l_{SSE}为串联弹性单元长度，可通过式（3–19）计算得到。肌纤维收缩速度可通过肌纤维长度对时间差分计算得出。据此，通过式（3–16）和（3–17）可计算得出肌肉—肌腱模型的作用力F_s，因此，肌肉屈肌作用力矩为

$$T_{flexor} = F_{MTC} r_{arm} \tag{3-24}$$

其中，r_{arm}为肌肉作用力力臂。由以上描述可知，通过肌肉－肌腱模型可以描述踝关节角度与屈肌力矩的动态关系。进而，跖屈肌肉力矩和背屈肌肉力矩可以有肌肉—肌腱模型计算得出。最终，在矢状平面踝关节作用力矩为

$$T_{ankle} = T_p + T_D \tag{3-25}$$

其中，T_p表示 PFM 肌肉力学模型的作用力矩；T_D表示 DFM 肌肉力学模型的作用力矩。

3.6 车载双足机器人直立平衡仿真试验平台

为了验证本书所提出的车载双足机器人直立平衡仿生控制方法的有效性和鲁棒性，利用 OpenSim 平台，搭建了车载双足机器人直立平衡控制仿真试验平台。

3.6.1 车载双足机器人仿真模型

OpenSim 采用 HTML 标签语言以 .osim 格式文件构建仿真模型。.osim 文件是

模型的描述文件，包含模型各零部件结构、关节约束、关节驱动等信息。其中，零部件结构部分包含质量、惯量、质量中心、相对位置信息、约束信息等物理属性和用于显示的 3D 几何文件等信息。利用 Soidworks 对车载双足机器人模型各零部件 3D 机械结构进行建模，用于模型的视图显示。车载双足机器人仿真模型如图 3-8 所示。双足机器人物理模型参数如表 3-1 所示。

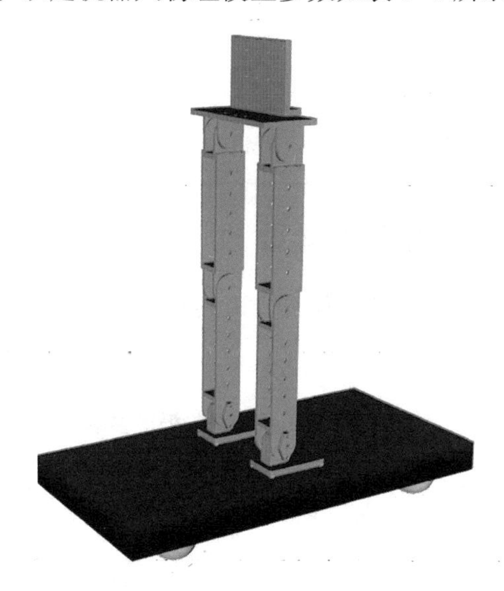

图 3-8　车载双足机器人仿真模型

表3-1　双足机器人物理模型参数

参数	足	小腿	大腿	臀部	躯干	整体
质量 /kg	0.5	0.7	0.8	0.5	1.0	3.5
质心位置 /m	0.02	0.23	0.45	0.5	0.6	0.4

3.6.2 虚拟肌肉激活模型增益参数

仿生控制方法中虚拟肌肉激活模型包含多个增益参数：踝关节角度增益参数 G_l、踝关节角速度增益参数 G_v、车载平台速度增益参数 k_p 和车载平台加速度增益参数 k_d。参照第 2 章研究所得的人体直立平衡踝关节肌肉分层激活模型优化参数，并在试验过程中进行微调。虚拟肌肉激活模型增益参数如表 3-2 所示。

表3-2　虚拟肌肉激活模型增益参数

参数	PFM 激活模型	DFM 激活模型
G_l	5	6
G_v	0.15	0.25
k_p	0.55	0.35
k_d	0.12	0.14

3.6.3 虚拟肌肉力学模型参数

参考生物医学研究关于人体踝关节相关肌肉参数的重要结论，虚拟肌肉力学模型参数如表 3-3 所示。

表3-3　虚拟肌肉力学模型参数

参数	PFM 力学模型	DFM 力学模型
F_{max} /N	600	800
v_{max} /(cm/s)	36	48
l_{opt} /cm	6	4
r_0 /cm	4	5
θ_{max} /°	80	110
θ_{ref} /°	110	80
ρ	0.5	0.7

3.6.4 仿生控制器

利用 OpenSim 的 Visual Studio 接口和 API，调用 API 函数实现仿真控制。本书使用基于 Visual Studio，采用 C++ 语言，开发仿真程序，即仿生控制器。仿真程序流程图如图 3-9 所示。

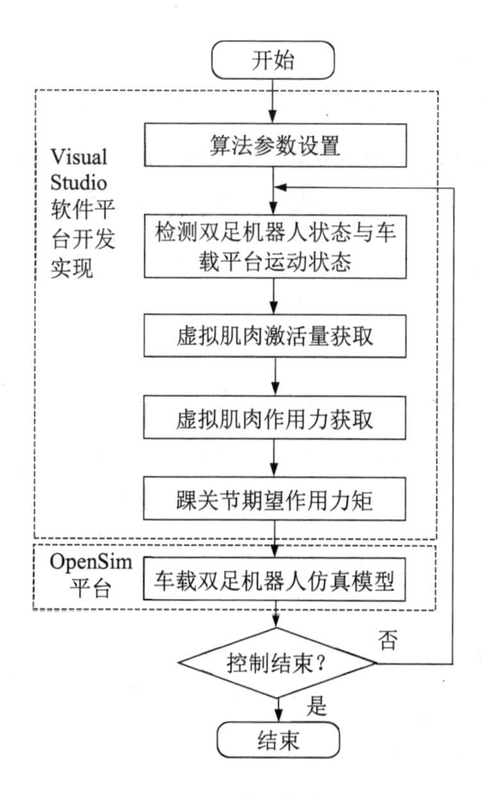

图 3-9　仿真程序流程图

3.7　车载双足机器人直立平衡仿生控制仿真

为了验证直立平衡仿生控制方法的有效性和鲁棒性，利用搭建的车载双足机器人直立平衡控制仿真试验平台，采用负载为 0 kg 的车载双足机器人仿真模型，完成仿真试验。

在完整的试验实施过程中，车载平台运动包括静止、加速前进、匀速前进和减速四个状态。其中，车载平台仅在加速前进和减速过程中对位于其上的双足机器人产生直立平衡干扰。

本书研究车载双足机器人直立平衡仿生控制，在较小的车载平台加速或减速运动时，仿照人体踝关节神经肌肉控制机制，提供给踝关节期望作用力矩，作用于双足机器人踝关节，使得车载双足机器人能快速、准确地恢复到初始的直立平衡位置。

研究表明，在车载平台加速度为 1.5 m/s² 以下时，仅通过踝关节的调节作用，就能使车载双足机器人恢复到直立平衡状态。因此，本书选取车载平台加速度为 0.5 m/s² 和 –0.5 m/s² 作为扰动，仿真验证直立平衡仿生控制方法的有效性；选取车载平台加速度为 0.5 m/s²、1.0 m/s² 和 1.5 m/s² 作为扰动，验证直立平衡仿生控制方法的鲁棒性。

3.7.1 直立平衡仿生控制方法有效性验证

1. 车载平台施加 0.5 m/s² 加速度仿真结果

试验过程中，车载平台经历静止、加速和匀速的运动过程。在双足机器人直立平衡过程中，定义逆时针摆动为负方向，顺时针摆动为正方向。直立平衡仿真试验结果曲线（加速干扰）如图 3–10 所示。双足机器人直立平衡的稳定状态稍微向前倾，角度约 2° 。人体直立平衡有相同的特性，这是因为前倾 2° 能使机器人中心的地面投影位于脚底中心附近。

车载平台静止阶段：车载平台处于静止状态时没有外界干扰，双足机器人能够很快调节到直立平衡位置。双足机器人调节到平衡位置后，保持直立平衡状态。在此过程中，踝关节期望作用力矩 τ_q 以及虚拟肌肉模型激活量 a_1 和 a_2 都没有太大变化。

车载平台加速阶段：在 5 s 时刻，车载平台施加 0.5 m/s² 的加速度。在车载平台加速运动过程中，双足机器人先逆时针摆动到约 –0.5° 位置，然后顺时针摆动到约 2.3° 位置，最终调整到 1.8° 左右的平衡位置。[见图 3–10（a）] 双足机器人的摆动带动踝关节转动，调节虚拟肌肉激活量 a_1 和 a_2。PFM 激活量 [见图 3–10(b)] 呈现先减小后增大的趋势，最小值为 0.26 左右，最大值为 0.38 左右。DFM 激活量 [见图 3–10（c）] 呈现先增大后减小的趋势，最大值为 0.28 左右，最小值为 0.2 左右。虚拟肌肉激活量传递到虚拟肌肉力学模型，计算得到踝关节期望作用力矩 τ_q[见图 3–10（c）]，呈现出先增大后减小的趋势，最大值为 0.2 N · m 左右，最小值为 –1.1 N · m 左右。

车载平台匀速阶段：车载平台速度达到 0.1 m/s 后匀速前进。在此阶段，双足机器人没有外界干扰，能够很快地调节到直立平衡状态。

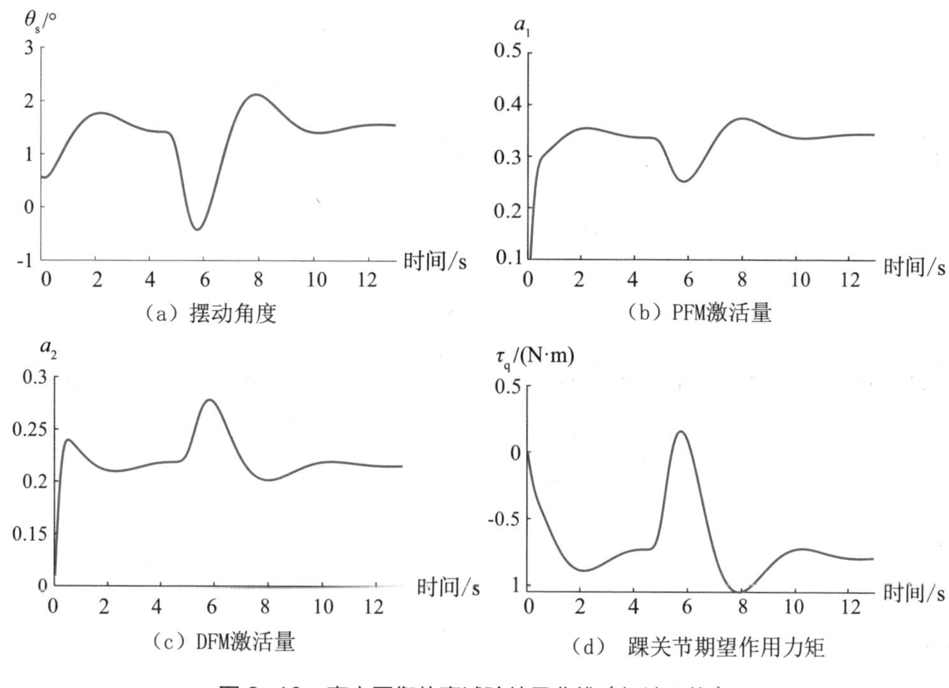

图 3-10　直立平衡仿真试验结果曲线（加速干扰）

2. 车载平台施加 $-0.5\ \mathrm{m/s^2}$ 减速度仿真结果

试验过程中，车载平台经历均速、减速和静止的过程，直立平衡仿真试验结果曲线（减速干扰）如图 3-11 所示。

车载平台匀速阶段：车载平台匀速运动时没有外界干扰，双足机器人处于直立平衡位置。双足机器人调节到平衡位置后，保持直立平衡状态。在此过程中，踝关节期望作用力矩 τ_q 以及虚拟肌肉模型激活量 a_1 和 a_2 都没有太大变化。

车载减速阶段：在 15 s 时刻，车载平台施加 $-0.5\ \mathrm{m/s^2}$ 的加速度。在车载平台减速运动过程中，双足机器人，先顺时针摆动到约 3.5° 位置，后逆时针摆动到约 1° 位置，最终调整到 1.8° 左右的平衡位置 [见图 3-11（a）]。双足机器人躯干的摆动带动踝关节的转动，根据虚拟肌肉激活量 a_1，a_2 发生改变。PFM 激活量 [见图 3-11（b）] 呈现先增大后减小的趋势，最大值为 0.47 左右，最小值为 0.32 左右。DFM 激活量 [见图 3-11（c）] 呈现先减小后增大的趋势，最小值为 0.175 左右，最大值为 0.23 左右。虚拟肌肉激活量传递到虚拟肌肉力学模型计算得到踝关节期望作用力矩 τ_q[见图 3-11（d）]，呈现出先减小后增大的趋势，最小值为 –1.7 N · m 左右，最大值为 –0.5 N · m 左右。

车载静止阶段：车载平台速度达到 0 m/s 后保持静止。在此阶段，双足机器人没有外界干扰，能够很快地调节到直立平衡状态。

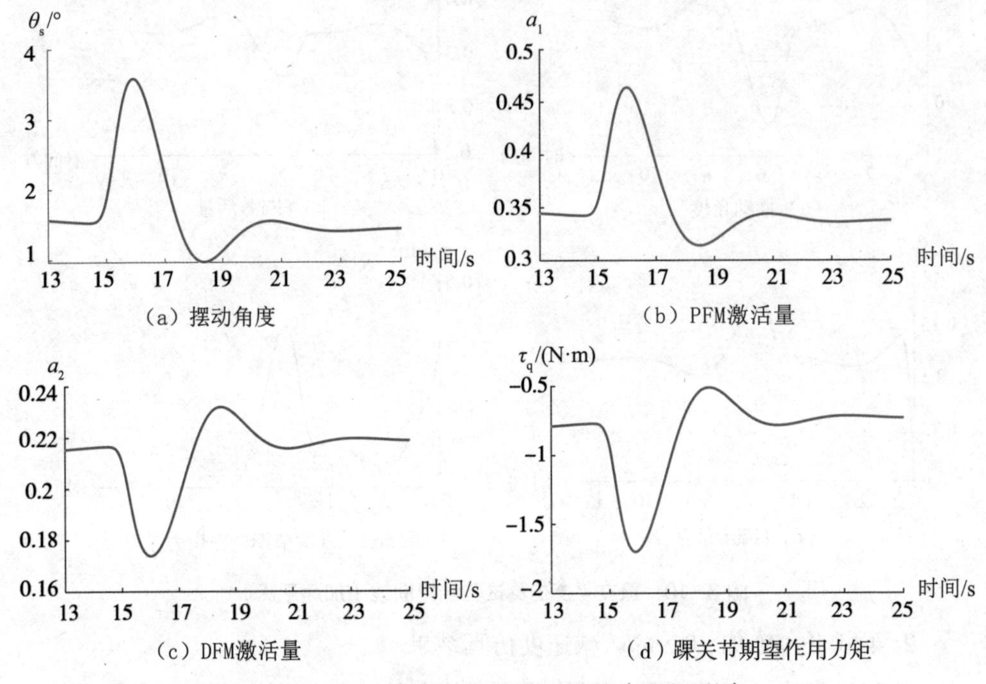

图 3-11　直立平衡仿真试验结果曲线（减速干扰）

3. 算法有效性验证结论

从图 3-10 和图 3-11 可以得出以下结论：

①车载平台在静止或匀速运动时，对站立于其上的双足机器人不产生直立平衡干扰，双足机器人保持稳定的平衡状态。

②在车载平台运动干扰下，双足机器人的摆动使得其重力产生一定的旋转力矩，此时双足机器人踝关节需产生一个合适的驱动力矩使得双足机器人恢复到直立平衡位置。

③在车载平台加速度为 0.5 m/s² 和 −0.5 m/s² 时，本书提出的基于踝关节肌肉驱动机制的直立平衡仿生控制方法能够有效地估计双足机器人踝关节的期望作用力矩，进而通过踝关节力矩驱动，使得车载双足机器人完成直立平衡控制任务。

3.7.2 直立平衡仿生控制方法鲁棒性验证

在直立平衡仿生控制方法模型参数不变的情况下，通过改变外部干扰量的方式，进行多次不同车载平台加速度的双足机器人直立平衡控制试验，验证直立平衡仿生控制方法的鲁棒性。

车载平台加速度分别为 0.5 m/s²、1.0 m/s² 和 1.5 m/s² 时，得到直立平衡仿真试验结果。

不同加速度干扰下直立平衡仿真试验结果曲线如图 3–12 所示。

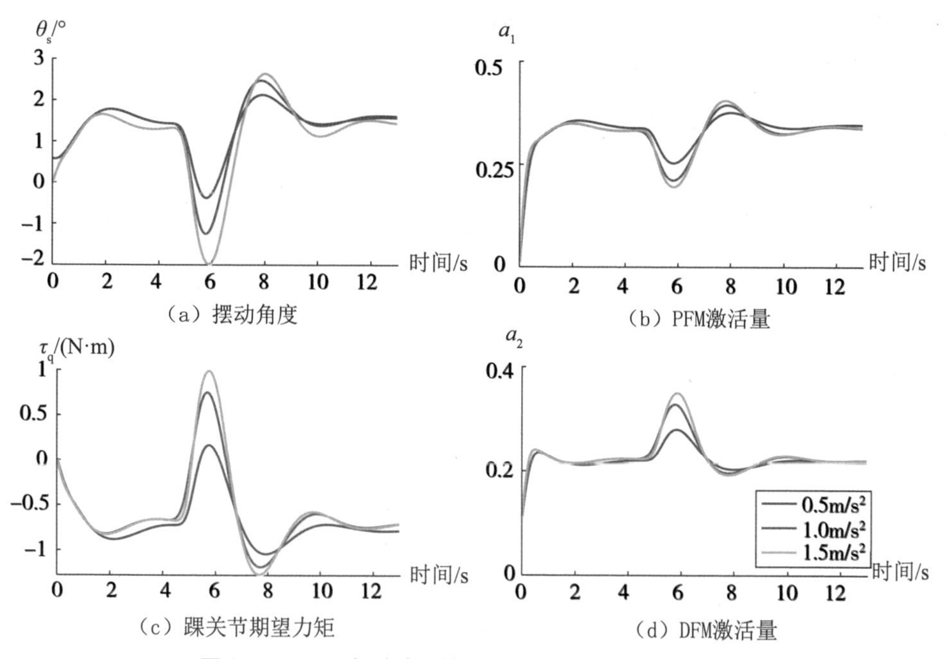

图 3–12　不同加速度干扰下直立平衡仿真试验结果曲线

由图 3–12 可知，随着车载平台加速度的增大，双足机器人的摆动范围 θ_s 不断增大。同时，虚拟肌肉激活量 a_1，a_2 和踝关节期望作用力矩 τ_q 的变化范围也随之增大。双足机器人的抗扰周期基本一致，分别为 4.8 s、4.8 s 和 6.5 s，直立平衡控制完成后双足机器人恢复到基本一致的平衡位置：1.8°　~2.0°　范围内。

车载平台加速度为 0 m/s² 时，不对双足机器人产生直立平衡干扰，双足机器人处于稳定的直立平衡状态没有摆动，摆动范围标记为 0° 统计不同车载平台加速干扰下的摆动范围 θ_r，车载平台不同加速度干扰下双足机器人摆动范围如图 3–13 所示。

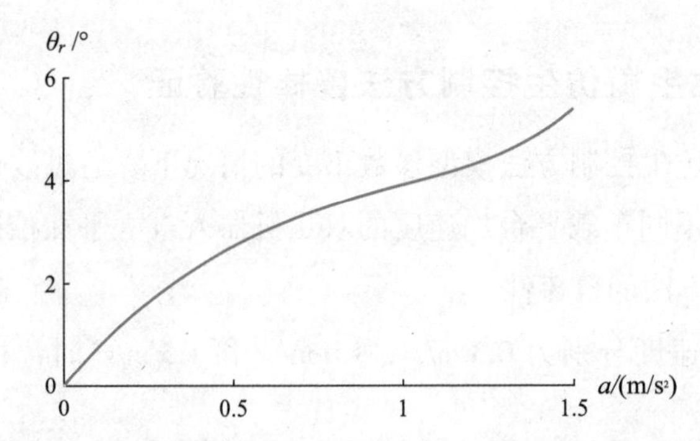

图 3-13　车载平台不同加速度干扰下双足机器人摆动范围

由图 3-12 可知，随着车载平台加速度的增大，双足机器人摆动范围 θ_r 具有增大趋势。在仿生控制方法模型参数不变的情况下，双足机器人能够完成车载平台 0~1.5 m/s² 范围内加速度干扰的直立平衡控制。

由图 3-12 和图 3-13 可以得出以下结论：

（1）车载平台加速度在 0~1.5 m/s² 范围内时，双足机器人直立平衡控制过程基本一致，具有比较接近的抗扰周期。

（2）随着车载平台加速度的增大，双足机器人的摆动范围呈增大趋势。车载平台加速度在 0~1.5 m/s² 范围内时，摆动范围为 0° ~5.3° 。

（3）直立平衡控制结束后，双足机器人恢复到基本一致的平衡位置：1.8° ~2.0°范围内。

车载平台加速度在 0~1.5 m/s² 范围内时，双足机器人能够稳定地完成直立平衡控制任务。随着车载平台加速度的增大，双足直立平衡控制性能有所变差，这是较大干扰带来的必然结果。因此，本书提出的直立平衡仿生控制方法对于车载平台加速干扰具有很好的鲁棒性能。

3.8　本章小结

本章在给出双足机器人踝关节直立平衡控制性能评价指标“抗扰周期和摆动范围”的基础上，针对常用的双足机器人控制方法存在灵活性和鲁棒性较差等问题，研究并提出了基于踝关节肌肉驱动机制的直立平衡仿生控制方法，估计车载双足机器人直立平衡控制过程中踝关节期望作用力矩，使双足机器人具备较强的环境适应能力。

本章的主要工作及研究结果如下：

（1）针对常用的双足机器人控制方法存在灵活性和鲁棒性较差等问题，以人体直立平衡踝关节肌肉分层激活模型为基础，模拟人体踝关节神经肌肉控制机制，提出了基于踝关节肌肉驱动机制的直立平衡仿生控制方法。其原理如下：首先，根据双足机器人踝关节角度和运动信息，模拟人体跖屈肌肉群（PFM）和背屈肌肉群（DFM）的作用机制，构建虚拟肌肉激活模型（PFM 肌肉激活模型和 DFM 肌肉激活模型），分别获取 PFM 肌肉激活量和 DFM 肌肉激活量；其次，构建虚拟肌肉力学模型（PFM 和 DFM 肌肉力学模型），根据虚拟肌肉激活量和虚拟肌肉状态量计算产生的肌肉作用力；最后，构建踝关节驱动模型，根据肌肉作用力计算得到踝关节期望作用力矩。

（2）基于人体直立平衡踝关节肌肉分层激活模型，构建了虚拟肌肉激活模型，根据双足机器人踝关节角度和运动信息，计算得到当前状态下的虚拟肌肉激活量。

（3）构建了虚拟肌肉力学模型，获取虚拟肌肉作用力。利用伸缩单元（CE）和串联弹性单元（SEE）组成的肌肉－肌腱复合体模型（MTC）描述踝关节肌肉骨骼结构。虚拟肌肉作用力等于伸缩单元 CE 的作用力，其大小由肌肉纤维组织（MF）、过拉伸限制并联弹性单元（HPE）和过压缩限制并联弹性单元（LPE）共同产生。

（4）根据双足机器人踝关节驱动对作用力矩的要求，构建了双足机器人踝关节的驱动模型，PFM 和 DFM 产生的虚拟肌肉作用力分别与其作用力臂相乘得出各自作用力矩，再经过加权计算得到踝关节期望作用力矩。

（5）为了完成仿真研究，验证本书所提出的车载双足机器人直立平衡仿生控制方法的有效性和鲁棒性，构建了车载双足机器人直立平衡控制仿真试验平台。首先，采用 HTML 标签语言以 .osim 格式文件形式构建仿真模型，并利用 Soidworks 对车载双足机器人模型各零部件 3D 机械结构进行建模，用于模型的视图显示；其次，设置了虚拟肌肉激活模型增益参数和虚拟肌肉力学模型参数；最后，开发了仿真程序（仿生控制器）。

（6）利用构建的车载双足机器人直立平衡控制仿真试验平台，完成了仿生控制方法的有效性和鲁棒性仿真验证试验。结果显示，车载平台加速度在

0~1.5 m/s² 间变化时，车载双足机器人可以完成直立平衡控制任务，摆动范围在 0° ~5.3°之间，其直立平衡控制过程符合人体直立平衡过程。结果证明，提出的直立平衡仿生控制方法，不但能完成车载双足机器人直立平衡控制任务，而且对于不同的车载平台加速度干扰具有很好的鲁棒性。

本章的研究成果为车载双足机器人直立平衡控制的研究奠定了理论基础。

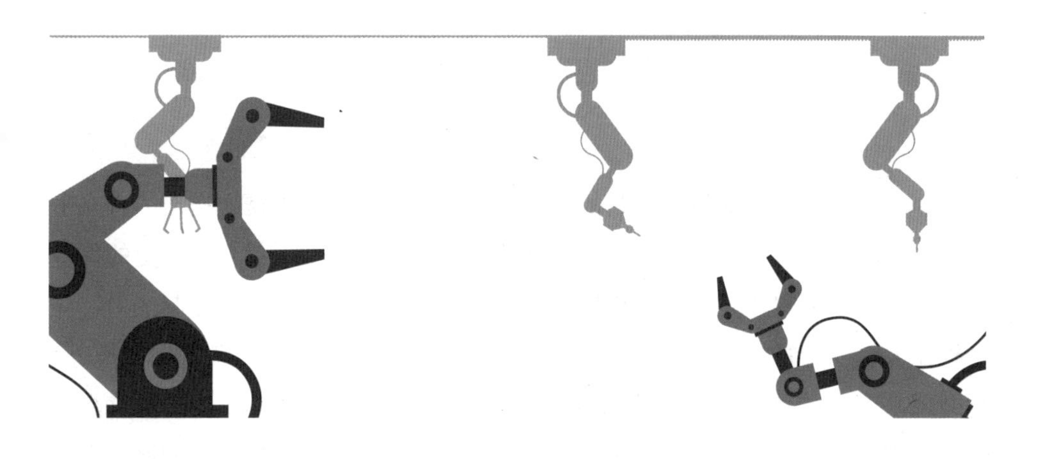

第 4 章　基于模糊插值推理的直立平衡自适应仿生控制

本章继续直立平衡仿生控制的研究。通过第 3 章研究可得，提出的直立平衡仿生控制方法对于在一定范围内变化的车载平台加速度干扰具有一定的鲁棒性，然而对于不同负载的双足机器人，尚不具备自适应直立平衡控制能力。双足机器人在实际的工作过程中对于不同的工作任务（如营救、负重和搬运等）会表现出不同的负载大小，从而改变双足机器人的总质量 M 和 CoM 垂直高度 C_t 等物理属性参数，影响直立平衡的实际控制效果。为了解决这一问题，在双足机器人负载发生变化时，需要自动更新直立平衡仿生控制方法中虚拟肌肉激活模型的增益参数，使其符合当前双足机器人的负载状态，满足车载双足机器人直立平衡控制要求。

因此，本章针对车载双足机器人负载发生变化时直立平衡控制性能变差的问题，研究并提出基于模糊插值推理的直立平衡自适应仿生控制方法（简称"直立平衡自适应仿生控制方法"）。首先，分析直立平衡自适应仿生控制方法原理；然后，借鉴经验学习教学法，提出基于经验学习的模糊插值推理算法，在车载双足机器人负载发生变化时自动更新虚拟肌肉激活模型增益参数；接着，研究模糊规则初始化、模糊插值推理和模糊规则库更新等方法；最后，在构建的车载双足机器人直立平衡控制仿真试验平台上验证直立平衡自适应仿生控制方法的有效性。

4.1 虚拟肌肉激活模型增益参数对直立平衡控制性能的影响

为了验证车载双足机器人在不同负载情况下，利用直立平衡仿生控制方法进行直立平衡控制，仿真验证虚拟肌肉激活模型增益参数对直立平衡控制性能的影响，从而分析虚拟肌肉激活模型增益参数更新的必要性。

基于构建的车载双足机器人直立平衡控制仿真试验平台，在更改双足机器人负载的前提下，利用与第 3 章试验相同的虚拟肌肉激活模型增益参数，完成车载双足机器人直立平衡控制试验。也就是使具有不同负载的双足机器人，采用相同的控制方案和模型参数，完成直立平衡控制试验。

在第 3 章构建的车载双足机器人仿真模型的躯干位置添加 1.5 kg 的负载，作为本节的车载双足机器人仿真模型，其总质量为 5.0 kg。通过 CoM 信息计算方法（见 2.3.1 小节）计算双足机器人的质量中心高度为 0.456 m。

在试验过程中，车载平台运动包括静止、加速前进和匀速前进三个状态。车载平台仅在加速前进过程中对位于其上的双足机器人产生直立平衡干扰。为了方便对比，车载平台加速前进阶段施加 1.0 m/s^2 的加速度。

试验的初期阶段：车载平台处于静止状态，没有外界干扰作用，双足机器人能够很快调节到直立平衡状态。

车载平台静止阶段：双足机器人调节到平衡位置后，保持直立平衡状态。

加速阶段：在 5 s 时刻，车载平台施加 1.0 m/s^2 的加速度，速度达到 0.3 m/s 后匀速前进。在车载平台加速运动过程中，双足机器人承受一个由脚底向上传递的平衡干扰作用力，打破了双足机器人的直立平衡状态，使得双足机器人开始摆动。

为了方便对比分析，将第 3 章的车载平台施加 1.0 m/s^2 加速度的双足机器人直立平衡试验摆动角度 θ_s 与本节试验过程中双足机器人直立平衡试验摆动角度 θ_s 进行对比。

双足机器人直立平衡摆动角度对比如图 4–1 所示。

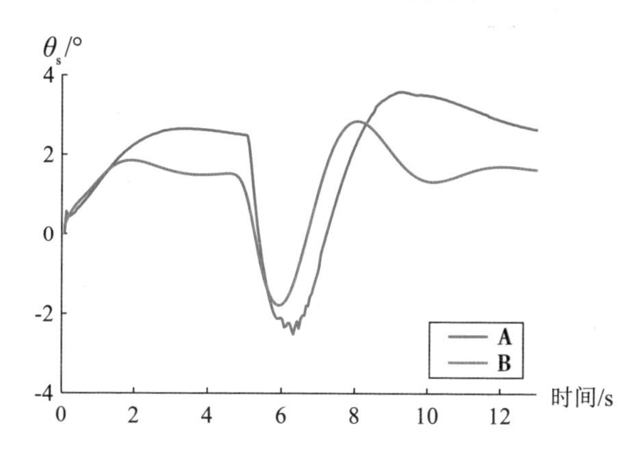

图 4–1　双足机器人直立平衡摆动角度对比

图 4–1 中，实线 A 代表本节的试验结果，实线 B 为第 3 章的试验结果（见 3.7.2 小节），可以得出以下结论：

（1）两组具有不同负载的双足机器人，采用相同的控制方案和模型参数，直立平衡控制过程基本一致，但也存在着不同。

（2）在双足机器人总重量和 CoM 垂直高度增大后，双足机器人平衡位置增大到3° 附近，摆动角度从4.1° 增加到5.8°，抗扰周期 T_c 从4.8 s增加到6.3 s，这意味着双足机器人的直立平衡控制性能变差。因此，需要更新虚拟肌肉激活模型增益参数，以适应新的双足机器人负载。

4.2 直立平衡自适应仿生控制方法原理

本书针对车载双足机器人负载发生变化时直立平衡控制性能变差的问题，提出基于模糊插值推理的直立平衡自适应仿生控制方法，其原理示意图如图 4–2 所示。

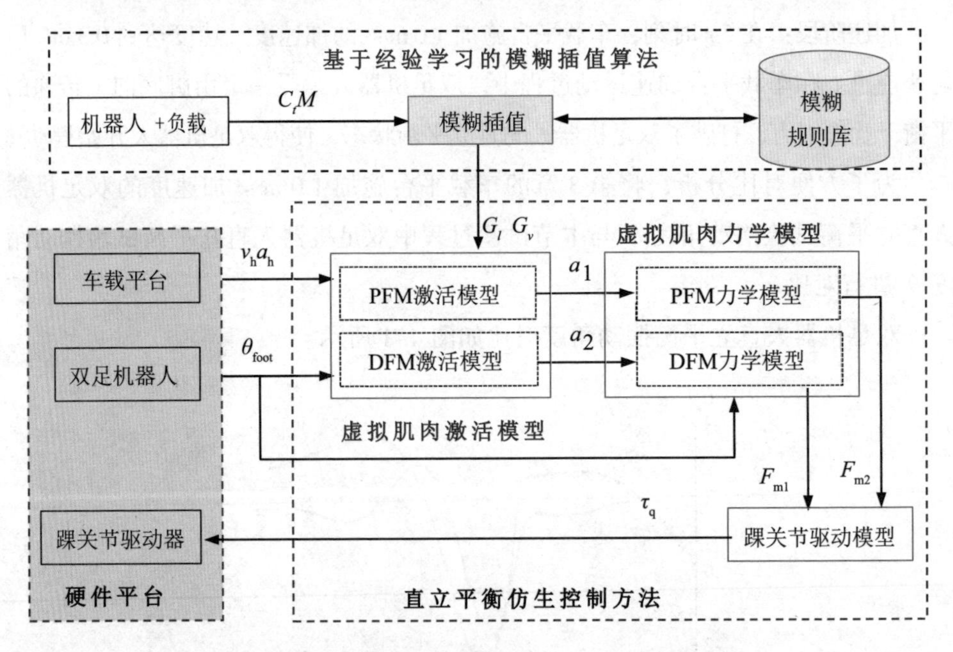

图 4–2　直立平衡自适应仿生控制方法的原理示意图

直立平衡自适应仿生控制方法的原理如下：

（1）根据双足机器人的 CoM 垂直高度 C_t 和总质量 M，经过基于经验学习的模糊插值推理运算，更新虚拟肌肉激活模型增益参数（G_l，G_v）。

（2）根据获取的踝关节角度 θ_{foot} 和车载平台运动信息（v_h，a_h），经直立平衡仿生控制方法，计算得到踝关节期望作用力矩（τ_q）。

4.3　基于经验学习的模糊插值推理算法

模糊推理可看作一个论域上的模糊集全体到另一个论域上的模糊集全体的映射，是基于“专家知识”或“系统数据”得到语言规则的类人推理方式。模糊推理具有人类可理解性、推理透明性以及人机知识可共用性等特点，本书采用模糊插值推理实现虚拟肌肉激活模型中增益参数的自动更新。模糊插值推理是利用模糊逻辑从输入空间到输出空间构造映射的过程，是模糊逻辑的不确定性表示框架下对线性插值的一种推广，利用模糊规则表示专家知识库，可以实现非线性、高维度和不确定模型的推理。模糊推理建模的优点在于不需要分析未知系统的真实模型，可以通过有限的规则，达到较好的建模效果。该建模方法较好地规避了系统机理与系统辨识的不便性，成为与机理建模法、辨识建模法具有同等地位的第三种建模方法。

通常来说，试验所能提供的用于构建规则库的信息经常不足，只能用稀疏规则库进行系统建模。基于稀疏规则库的模糊插值推理本质上是一类利用规则库中少量规则的先验条件和后验条件之间的关系，推出给定先验条件对应后验条件的技巧。具体地，当给定输入值没有包含在现有规则库的先验条件中时，相邻的模糊规则被选择用于模糊插值推理。模糊插值依赖于选择的相邻模糊规则，一条新的中间规则的先验条件将会被首先插值生成。在此基础上，基于生成的先验条件与选择规则的先验条件的转换特征量，计算生成新规则的后验条件。在插值推理过程中，保持新规则和选择规则的先验条件与后验条件转换特征量相一致。

本书借鉴教育法研究里面的经验学习教学法，提出基于经验学习的模糊插值推理算法（experience-based fuzzy rule interpolation，E-FRI）用于更新虚拟肌肉激活模型中的增益参数。经验学习教学法和基于经验学习的模糊插值推理类比如图 4-3 所示。

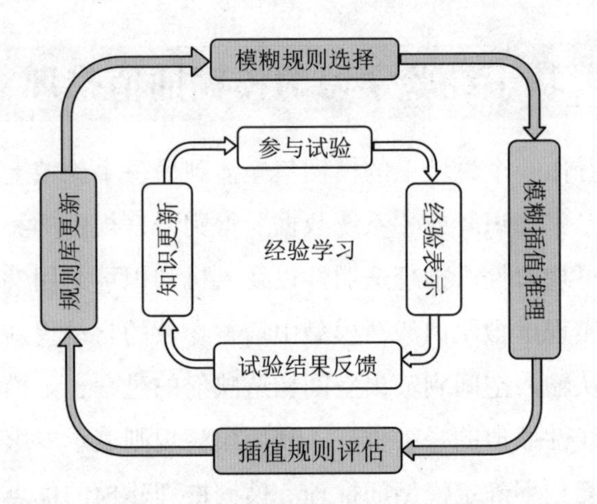

图 4-3　经验学习教学法和基于经验学习的模糊插值推理类比

经验学习教学法包含四个阶段的循环过程：

（1）参与试验过程，即学习者个体选择已有经验知识参与试验。

（2）经验表示阶段，即学习者个体对上述试验结果的具体观察、思考和总结。

（3）试验结果反馈阶段，即对观察、思考和总结出的知识进行评估。

（4）知识更新阶段，即根据评估反馈对知识进行总结、抽象和概括，更新学习者的知识经验库。对学习者来说，第四阶段的结果又被用于新的体验，如此循环完成知识的学习。

本书模仿经验学习教学法的四个阶段循环过程，提出基于经验学习的模糊插值推理算法，形成模糊规则库“使用—反馈—更新”的闭环学习回路。

基于经验学习的模糊插值推理算法原理示意图如图 4–4 所示。

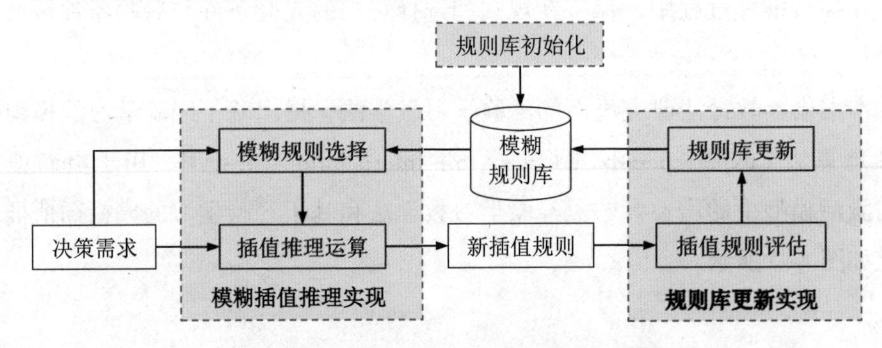

图 4–4　基于经验学习的模糊插值推理算法原理示意图

基于经验学习的模糊插值推理算法包括模糊规则库初始化、模糊插值推理实现和规则库更新实现等三个部分。

（1）模糊规则库初始化。基于特定负载的双足机器人直立平衡试验数据学习得出两条模糊规则，完成模糊规则库的初始化。

（2）模糊插值推理实现。模糊插值推理实现包括模糊规则选择（参与试验）和模糊插值推理（经验表示）。

（3）规则库更新实现。规则库更新实现包括取得反馈并进行插值规则评估（试验结果反馈）和模糊规则库更新（知识更新）。

本书利用提出的基于经验学习的模糊插值推理算法对虚拟肌肉激活模型增益参数进行更新。双足机器人的不同负载主要影响其 CoM 垂直高度 C_t 和总质量 M。因此，将双足机器人 CoM 垂直高度 C_t 和总质量 M 作为先验条件，虚拟肌肉激活模型增益参数 G_l 和 G_v 作为后验条件，创建模糊规则库，进行模糊插值推理，并完成虚拟肌肉激活模型增益参数的更新。

4.4　模糊规则库初始化方法

模糊插值推理可以基于有限的模糊规则，通过模糊插值进行推理。从理论上讲，模糊插值推理可以在只有两条规则的情况下，通过模糊内插和模糊外插，根据系统输入对任何决策需求进行推理运算。

本书首先通过两组具有特定总质量 M 和 CoM 垂直高度 C_t 的双足机器人进行直立平衡控制试验，依靠专家经验调整虚拟肌肉激活模型增益参数，使得双足机器人能够很好地完成直立平衡控制任务，直立平衡控制性能评估为正（见 4.6.1 小节）。将双足机器人的总质量、CoM 垂直高度和虚拟肌肉激活模型增益参数分别模糊化，得到两条模糊规则，作为初始模糊规则库：

R_1：如果 x_1 是 A_{11} 且 x_2 是 A_{21}，则 y_1 是 B_{11} 且 y_2 是 B_{21}。

R_2：如果 x_1 是 A_{12} 且 x_2 是 A_{22}，则 y_1 是 B_{12} 且 y_2 是 B_{22}。

规则中，A_{11}、A_{12}，A_{21}，A_{22}，B_{11}，B_{12}，B_{21} 和 B_{22} 表示模糊子集；x_1 表示双足机器人总质量；x_2 表示双足机器人质量中心；y_1 为踝关节角度增益参数 G_l；y_2 为踝关节角度一阶导数增益参数 G_v。不失一般性地，本书模糊规则中采用三角形模糊子集表示。

4.5 模糊插值推理方法

对于给定负载的双足机器人，其对应的总质量和 CoM 垂直高度分别为x_1^*和x_2^*，如果该双足机器人的总质量和 CoM 垂直高度不包含在现存模糊规则库的先验条件中，需要进行模糊插值推理产生对应的新模糊规则，完成模糊推理计算。插值产生新的模糊规则需要进行两步操作：模糊规则选择和规则插值运算。

4.5.1 模糊规则选择

模糊规则选择是通过遍历模糊规则库中所有的模糊规则，寻找与给定决策需求欧氏距离最小的两条规则作为被选择规则。

将当前双足机器人的总质量x_1^*和 CoM 高度x_2^*采用重心法模糊化为模糊子集作为决策需求输入。具体为，模糊化的模糊子集$A_1^*(a_{11}^*, a_{12}^*, a_{13}^*)$和$A_2^*(a_{21}^*, a_{22}^*, a_{23}^*)$需满足以下条件：

$$\begin{cases} x_1^* = \dfrac{a_{11}^* + a_{12}^* + a_{13}^*}{3} \\ x_2^* = \dfrac{a_{21}^* + a_{22}^* + a_{23}^*}{3} \\ a_{11}^* \leqslant a_{12}^* \leqslant a_{13}^* \\ a_{21}^* \leqslant a_{22}^* \leqslant a_{23}^* \end{cases} \tag{4-1}$$

因此，插值规则的先验条件为 x_1 是A_1^*且 x_2 是A_2^*。为了便于进行模糊插值运算，定义模糊子集 $A(a_1, a_2, a_3)$的代表值为

$$\text{Rep}(A) = \frac{a_1 + a_2 + a_3}{3} \tag{4-2}$$

将上式操作标记为f_1。模糊插值推理根据决策需求输入，选择与决策需求输入“距离”最近的规则进行模糊插值运算。假设模糊规则库中第 i 条模糊规则为：R_i：如果 x_1 是 A_{1i} 且 x_2 是 A_{2i}，则 y_1 是 B_{1i} 且 y_2 是 B_{2i}，则，模糊子集A_k^*和$A_{ki}(k \in 1, 2)$的“距离”可以用欧氏距离表示为

$$d_k = d(A_k^*, A_{ki}) = \left|\text{Rep}(A_k^*) - \text{Rep}(A_{ki})\right| \tag{4-3}$$

由于模糊规则先验条件中各模糊子集的代表值不同，先验条件各模糊子集绝对距离可能彼此并不兼容。为了方便比较各先验条件的“距离”，定义如下归一化距离：

$$d_k^{'} = \frac{\left|\mathrm{Rep}(A_k^*) - \mathrm{Rep}(A_{ki})\right|}{\max_k - \min_k} \tag{4-4}$$

其中，$\max_k$ 和 $\min_k$ 分别为模糊子集A_{ki}的最大代表值和最小代表值。基于此，当前决策需求与模糊规则库中第 i 条规则的“距离”可表示为

$$D_i = \sqrt{d_{i1}^{'\,2} + d_{i2}^{'\,2}} \tag{4-5}$$

对于系统决策需求进行模糊插值推理时，需遍历当前模糊规则库中的所有规则，选择“距离”值最小的两条规则进行模糊插值运算。

4.5.2 模糊插值推理

首先，获取被选择规则的先验条件与给定决策需求对应先验条件的转换尺度（缩放因子 S 和平移因子 M）；然后，利用相同的转换尺度获取插值规则的后验条件，组成插值的模糊插值规则；最后，通过解模糊化得到给定决策需求的推理结果。

基于所选择的两条模糊规则，可以通过插值运算产生一条新的模糊规则进行推理运算。具体来讲，插值模糊规则由其所选择的两条规则通过模糊线性插值得到。假设 R_i 和 R_j 是被选择进行插值运算的模糊规则，表示为

R_i：如果 x_1 是 A_{1i} 且 x_2 是 A_{2i}，则 y_1 是 B_{1j} 且 y_2 是 B_{2i}。

R_j：如果 x_1 是 A_{1j} 且 x_2 是 A_{2j}，则 y_1 是 B_{1j} 且 y_2 是 B_{2j}。

对于给定的决策需求输入$A_1^*(a_{11}^*,\ a_{12}^*,\ a_{13}^*)$和$A_2^*(a_{21}^*,\ a_{22}^*,\ a_{23}^*)$，可以给定一个模糊子集转换尺度，用于测量被选择规则的先验条件到决策需求的转换。然后利用被选择规则的后验条件按照相同的转换尺度，插值出相应的插值规则后验条件，即可表示为

$$T(B^{'}, B^*) = T(A^{'}, A^*) \tag{4-6}$$

其中，$A^{'}$，$B^{'}$分别为插值所得模糊规则的先验条件和后验条件；$T(\bullet)$ 为转换操作，可采用缩放因子 S 和平移因子 M 完成转换操作。

模糊插值推理过程可总结为以下步骤。

步骤 1：计算相关位置系数λ。相关位置系数表示当前决策输入与选择的两条模糊规则的位置关系。其中，A_1^*与A_{1i}、A_{1j}的位置系数λ_1可表示为

$$\lambda_1=\frac{d\left(\mathrm{Rep}(A_{1i}),\mathrm{Rep}(A_1^*)\right)}{d\left(\mathrm{Rep}(A_{1i}),\mathrm{Rep}(A_{1j})\right)} \tag{4-7}$$

A_2^*与A_{2i}，A_{2j}的位置系数λ_2可表示为

$$\lambda_2=\frac{d\left(\mathrm{Rep}(A_{2i}),\mathrm{Rep}(A_2^*)\right)}{d\left(\mathrm{Rep}(A_{2i})),\mathrm{Rep}(A_{2j})\right)} \tag{4-8}$$

以上两式具有相同的运算规则，将其操作标记为f_2。将λ_1和λ_2加权平均作为当前决策输入与被选择两条规则的相关位置系数λ，表示为

$$\lambda=\frac{1}{2}(\lambda_1+\lambda_2) \tag{4-9}$$

将上式操作标记为f_3。

步骤 2：利用被选择规则的先验条件，计算第一条中间规则$R^{*'}$用于模糊插值过渡。中间规则$R^{*'}$表示为

$R^{*'}$：如果x_1是$A_1^{*'}$且x_2是$A_2^{*'}$，则y_1是$B_1^{*'}$且y_2是$B_2^{*'}$。

第一条中间规则与所求的最终插值规则具有与被选择模糊规则相同的相关位置系数。基于步骤 1 所求得的位置相关系数，第一条中间规定的先验条件和后验条件可表示为

$$\begin{cases}A_1^{*'}=(1-\lambda_1)A_{1i}+\lambda_1 A_{1j}\\ A_2^{*'}=(1-\lambda_2)A_{2i}+\lambda_2 A_{2j}\\ B_1^{*'}=(1-\lambda)B_{1i}+\lambda B_{1j}\\ B_2^{*'}=(1-\lambda)B_{1i}+\lambda B_{1j}\end{cases} \tag{4-10}$$

将上式操作标记为f_4。

引入第一条中间规则的目的是明确它与插值规则先验条件的转换操作，然后根据相同的转换操作求得插值规则的后验条件。转换操作可以分为缩放和平移两步。

步骤 3：通过比较第一条中间规则先验条件模糊子集和当前决策输入，计

算转换缩放因子 S。其中，A_1^*与$A_1^{*'}$的缩放因子 s_1 可表示为

$$s_1 = \frac{a_{13}^{*'} - a_{11}^{*'}}{a_{13}^{*} - a_{11}^{*}} \tag{4-11}$$

A_2^*与$A_2^{*'}$的缩放因子 s_2 可表示为

$$s_2 = \frac{a_{23}^{*'} - a_{21}^{*'}}{a_{23}^{*} - a_{21}^{*}} \tag{4-12}$$

以上两式具有相同的运算操作，将其操作标记为 f_5。由于模糊规则涉及两个决策输入，因此可将 s_1 和 s_1 加权平均作为第一条中间规则先验条件模糊子集和当前决策输入的转换缩放因子 S，表示为

$$S = \frac{1}{2}(s_1 + s_2) \tag{4-13}$$

将上式操作标记为 f_6。

当前决策输入模糊子集A_1^*和A_2^*与中间规则先验条件模糊子集$A_1^{*'}$和$A_2^{*'}$的转换既存在缩放转换又存在平移转换。为了计算转换过程中的平移因子，需引入第二条中间规则 $R^{*''}$，使得第二条规则中模糊子集与第一条中间规则中模糊子集的转换仅有缩放操作，第二条规则中模糊子集与最终插值规则中模糊子集仅有平移操作。

步骤 4：利用缩放因子将第一条中间规则中模糊子集缩放，计算第二条中间规则中的模糊子集：

$$\begin{cases} a_{11}^{*''} = \dfrac{a_{11}^{*'}(1+2s_1) + a_{12}^{*'}(1-s_1) + a_{13}^{*'}(1-s_1)}{3} \\ a_{12}^{*''} = \dfrac{a_{11}^{*'}(1-s_1) + a_{12}^{*'}(1+2s_1) + a_{13}^{*'}(1-s_1)}{3} \\ a_{13}^{*''} = \dfrac{a_{11}^{*'}(1-s_1) + a_{12}^{*'}(1-s_1) + a_{13}^{*'}(1+2s_1)}{3} \end{cases} \tag{4-14}$$

$$\begin{cases} a_{21}^{*''} = \dfrac{a_{21}^{*'}(1+2s_2) + a_{22}^{*'}(1-s_2) + a_{23}^{*'}(1-s_2)}{3} \\ a_{22}^{*''} = \dfrac{a_{21}^{*'}(1-s_2) + a_{22}^{*'}(1+2s_2) + a_{23}^{*'}(1-s_2)}{3} \\ a_{23}^{*''} = \dfrac{a_{21}^{*'}(1-s_2) + a_{22}^{*'}(1-s_2) + a_{23}^{*'}(1+2s_2)}{3} \end{cases} \tag{4-15}$$

$$\begin{cases} b_{11}^{*''} = \dfrac{b_{11}^{*'}(1+2S) + b_{12}^{*'}(1-S) + b_{13}^{*'}(1-S)}{3} \\ b_{12}^{*''} = \dfrac{b_{11}^{*'}(1-S) + b_{12}^{*'}(1+2S) + b_{13}^{*'}(1-S)}{3} \\ b_{13}^{*''} = \dfrac{b_{11}^{*'}(1-S) + b_{12}^{*'}(1-S) + b_{13}^{*'}(1+2S)}{3} \end{cases} \tag{4-16}$$

$$\begin{cases} b_{21}^{*''} = \dfrac{b_{21}^{*'}(1+2S) + b_{22}^{*'}(1-S) + b_{23}^{*'}(1-S)}{3} \\ b_{22}^{*''} = \dfrac{b_{21}^{*'}(1-S) + b_{22}^{*'}(1+2S) + b_{23}^{*'}(1-S)}{3} \\ b_{23}^{*''} = \dfrac{b_{21}^{*'}(1-S) + b_{22}^{*'}(1-S) + b_{23}^{*'}(1+2S)}{3} \end{cases} \tag{4-17}$$

以上各式具有相同的运算操作，将其操作标记为 f_7。

步骤 5：通过第二条中间规则先验条件模糊子集和当前决策输入计算平移因子：

$$m_1 = \begin{cases} \dfrac{3\left(a_{11}^{*} - a_{11}^{*''}\right)}{a_{12}^{*''} - a_{11}^{*''}}, & a_{11}^{*} \geqslant a_{11}^{*''} \\ \dfrac{3\left(a_{11}^{*} - a_{11}^{*''}\right)}{a_{13}^{*''} - a_{12}^{*''}}, & a_{11}^{*} < a_{11}^{*''} \end{cases} \tag{4-18}$$

$$m_2 = \begin{cases} \dfrac{3\left(a_{21}^{*} - a_{21}^{*''}\right)}{a_{22}^{*''} - a_{21}^{*''}}, & a_{21}^{*} \geqslant a_{21}^{*''} \\ \dfrac{3\left(a_{21}^{*} - a_{21}^{*''}\right)}{a_{23}^{*''} - a_{22}^{*''}}, & a_{21}^{*} < a_{21}^{*''} \end{cases} \tag{4-19}$$

以上两式具有相同的运算操作，将其操作标记为 f_8。

与缩放因子计算类似，将 m_1 和 m_1 加权平均作为第一条中间规则先验条件模糊子集和当前决策输入的转换平移因子 M，表示为

$$M = \frac{1}{2}(m_1 + m_2) \tag{4-20}$$

将上式操作标记为 f_9。

步骤 6：利用平移因子和第二条中间插值规则后验条件，计算当前决策输入的后验条件。首先根据平移因子，计算平移距离：

$$l_1=\begin{cases} M\dfrac{b_{12}^{*''}-b_{11}^{*''}}{3}, & m\geqslant 0 \\ M\dfrac{b_{13}^{*''}-b_{12}^{*''}}{3}, & m<0 \end{cases} \tag{4-21}$$

$$l_2=\begin{cases} M\dfrac{b_{22}^{*''}-b_{21}^{*''}}{3}, & m\geqslant 0 \\ M\dfrac{b_{23}^{*''}-b_{22}^{*''}}{3}, & m<0 \end{cases} \tag{4-22}$$

将上式操作标记为 f_{10}。根据平移距离可得出当前决策输入的后验条件：

$$\begin{cases} b_{11}^{*}=b_{11}^{*''}+l \\ b_{12}^{*}=b_{12}^{*''}-2l \\ b_{13}^{*}=b_{13}^{*''}+l \end{cases} \tag{4-23}$$

$$\begin{cases} b_{21}^{*}=b_{21}^{*''}+l \\ b_{22}^{*}=b_{22}^{*''}-2l \\ b_{23}^{*}=b_{23}^{*''}+l \end{cases} \tag{4-24}$$

将上式操作标记为 f_{11}。

经过上述步骤可得插值规则：

R*：如果 x_1 是 A_1^* 且 x_2 是 A_2^*，则 y_1 是 B_1^* 且 y_2 是 B_2^*。

其中，插值规则后验条件为 $B_1^*(b_{11}^*, b_{12}^*, b_{13}^*)$ 和 $B_2^*(b_{21}^*, b_{22}^*, b_{23}^*)$。经过中心值解模糊运算，当前决策输入的推理结果为

$$\begin{cases} y_1=\mathrm{Rep}\left(B_1^*\right) \\ y_2=\mathrm{Rep}\left(B_2^*\right) \end{cases} \tag{4-25}$$

其中，y_1 和 y_2 分别为双足机器人 CoM 垂直高度为 C_t 总质量 M 时的虚拟肌肉激活模型增益参数 G_l 和 G_v。

为了更加直观地表达模糊插值推理过程，将上述插值过程用图示方式表示，其示意图如图 4–5 所示。

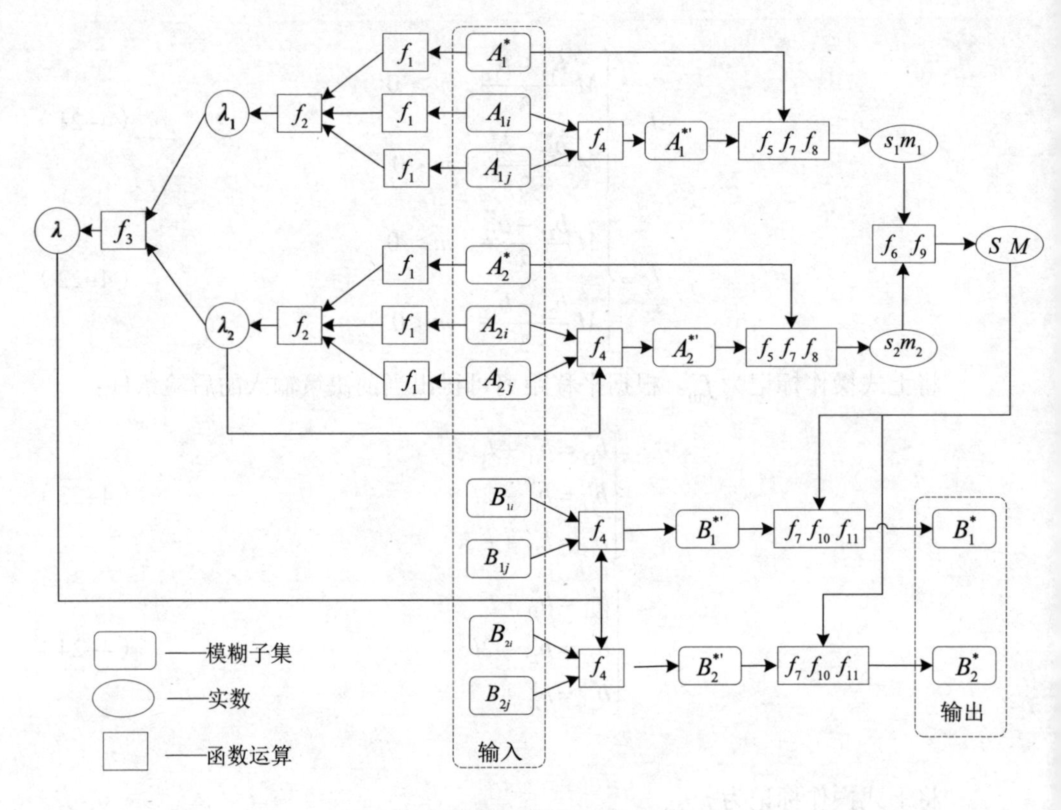

图 4-5　模糊插值推理过程示意图

4.6　模糊规则库更新方法

为了使经验学习成为可能，本书借鉴教育法研究里面的经验学习教学法，在决策反馈评估的支持下进行模糊规则库的不断更新。

在模糊插值推理实现（见 4.5 节）部分，已经完成了模糊规则选择和模糊插值推理操作，获取了当前给定决策需求下的模糊插值推理结果。模糊规则库更新主要是指在实现插值规则评估的基础上，进行规则库的更新操作。

4.6.1 插值规则评估

插值规则评估是采用误差积分准则（integrated time absolute error，ITAE），计算车载双足机器人直立平衡过程中，双足机器人相对于平衡位置的倾斜角度误差积分值，并以此判断插值生成的模糊规则性能。

经过模糊插值推理运算，可得到当前决策需求（双足机器人的 CoM 垂直高度 C_t 和总质量 M）对应的虚拟肌肉激活模型增益参数，可将其应用于仿生控制方法，实现车载双足机器人的直立平衡控制。

为了评估插值推理所得模糊规则的性能，可利用车载双足机器人直立平衡控制反馈数据，计算直立平衡控制性能指标 J_r，并将其标记在生成的模糊规则中。本书基于 ITAE 设计控制系统性能指标 J，表示为

$$J = \frac{1}{\int_0^T t\left|e(t)\right|\mathrm{d}t} \tag{4-26}$$

其中，T 为双足机器人直立平衡控制周期；$e(t)$ 为直立平衡过程中双足机器人摆动角相对于平衡位置的倾斜角度。

利用 ITAE 计算的性能指标 J 越大，则倾斜角度 $e(t)$ 越小，双足机器人的直立平衡性能越好，反之则平衡性能越差。以第 3 章车载双足机器人直立平衡控制结果作为标准，采用式（4–26）计算双足机器人直立平衡性能标准指标 J_h。如果双足机器人在一个直立平衡控制周期内的性能指标 J_r 大于标准指标 J_h，则将本次模糊插值推理所得插值规则性能评估为正，否则将其评估为负。

需要说明的是，车载平台加速度干扰不同，双足机器人直立平衡性能标准指标 J_h 也有所不同，因此需要在相同车载平台加速度干扰下进行性能指标的对比评估。根据第 3 章的试验结果，可以计算不同车载平台加速度下的双足机器人直立平衡性能标准指标 J_h，如表 4–1 所示。

表4–1　双足机器人直立平衡性能标准指标

序号	车载平台加速度 a_h/（m/s^2）	标准指标 J_h
1	0.5	0.182
2	1.0	0.159
3	1.5	0.128
4	2.0	0.107

4.6.2 模糊规则库更新

模糊规则库更新方法是首先遍历现存模糊规则库中的所有模糊规则，计算

插值生成规则与规则库中所有现存规则的相似度；然后与设定的相似度门阀值做对比，如果所有规则相似度的值都小于门阀值，则将生成的规则添加到规则库中，否则将生成的规则性能指标与相似度大于门阀值的规则性能指标做对比，仅保留性能指标最好的规则。

模糊规则库更新过程如图 4-6 所示。

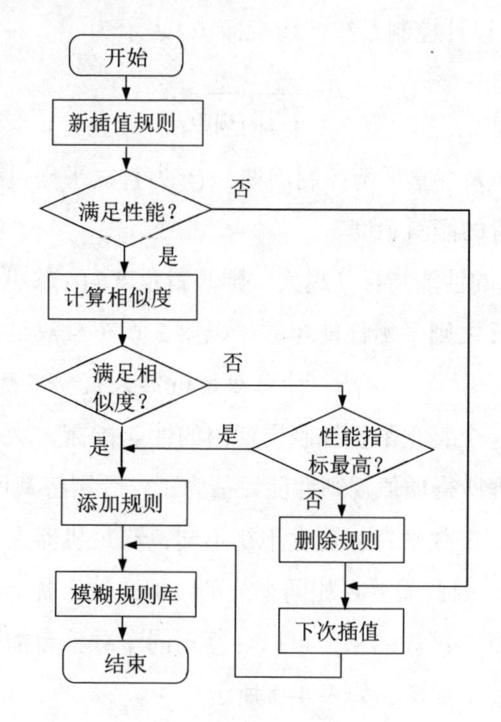

图 4-6　模糊规则库更新过程

模糊插值运算结束后，根据决策反馈，利用具有满足系统要求的插值生成规则进行模糊规则库的更新。为了避免冗余与重复的规则，将新插值生成的规则与规则库中原有的规则进行相似度计算。假设新生成的规则 R^* 为“如果 x_1 是A_1^*且 x_2 是A_2^*，则 y_1 是B_1^*且 y_2 是B_2^*"，现有的规则 R_i 为“如果 x_1 是 A_{1i} 且 x_2 是 A_{2i}，则 y_1 是 B_{1i} 且 y_2 是 B_{2i}"，它们的相似度 S_i 可以用下式计算：

$$S_i=\frac{S\left(A_{1i},A_1^*\right)+S\left(A_{2i},A_2^*\right)+S\left(B_{1i},B_1^*\right)+S\left(B_{2i},B_2^*\right)}{4} \tag{4-27}$$

其中，$S(A_{1i},A_1^*)$，$S(A_{2i},A_2^*)$，$S(B_{1i},B_1^*)$和$S(B_{2i},B_2^*)$分别表示规则 R_i 和 R^* 先验条件和后验条件的隶属函数相似度。根据不同的模糊子集表示方法，模糊子集的相似度可以通过多种方法计算得到，文献对此进行了大量研究。由于本书采用三角模糊子集，即$A_i=(a_{i1}, a_{i2}, a_{i3})$和$A^*=(a_1^*, a_2^*, a_3^*)$，这两个模糊子集$A_i$和$A^*$的相似度计算方式可表示为

$$S\left(A_i, A^*\right)=1-\frac{\left|a_{i1}+a_1^*\right|+\left|a_{i2}+a_2^*\right|+\left|a_{i3}+a_3^*\right|}{\left|a_{i1}-a_{i3}\right|} \tag{4-28}$$

模糊规则中后验条件相似度 S (B_i, B^*) 可采用相同的方法计算。

如果新插值生成规则与现有规则库中任意一条规则相似度大于给定的门阀值，则认为新插值生成的规则是冗余的，将新插值生成的规则丢弃；否则，将生成的规则性能指标与相似度大于门阀值的规则性能指标做对比，仅保留性能指标最好的规则。

经过规则库的初始化和基于经验学习的模糊规则库扩充，得到覆盖整个双足机器人负载取值范围的模糊规则库。在此基础上进行以虚拟肌肉激活模型增益参数的插值推理计算。需要注意的是，由于扩充所得模糊规则库具备良好的评估性能，在规则库的实际运用过程无须进行性能反馈。

4.7　车载双足机器人直立平衡自适应仿生控制仿真

为了验证提出的基于模糊插值推理的车载双足机器人直立平衡自适应仿生控制方法的性能，本书利用第 3 章在 OpenSim 仿真环境下搭建的车载双足机器人直立平衡控制平台，完成车载双足机器人的直立平衡自适应仿生控制仿真试验。仿真过程分为模糊规则库初始化、模糊规则库创建和自适应控制仿真三个阶段。

4.7.1 模糊规则库初始化

为了完成模糊插值推理，需要有两条初始化的模糊规则。根据模糊规则初始化方法（见 4.4 节），在 4.1 节试验的基础上，依靠专家经验调整虚拟肌肉激活模型增益参数，使得具有负载 1.5 kg 的双足机器人能够很好地完成直立平衡控制任务，也就是说直立平衡控制性能指标大于标准指标。所选用 PFM 激活模型的增益参数为 G_l=4 和 G_v=0.2，DFM 激活模型的增益参数 G_l=5 和 G_v=0.1。

试验过程中，车载平台经历静止、加速前进和匀速前进三个状态。基于上述 PFM 激活模型 HDFM 激活模型增益参数，得到双足机器人的摆动角度 θ_s、踝关节期望作用力矩 τ_q 以及虚拟肌肉模型激活量 a_1，a_2。

双足机器人负载 1.5kg 时的直立平衡控制结果如图 4–7 所示。

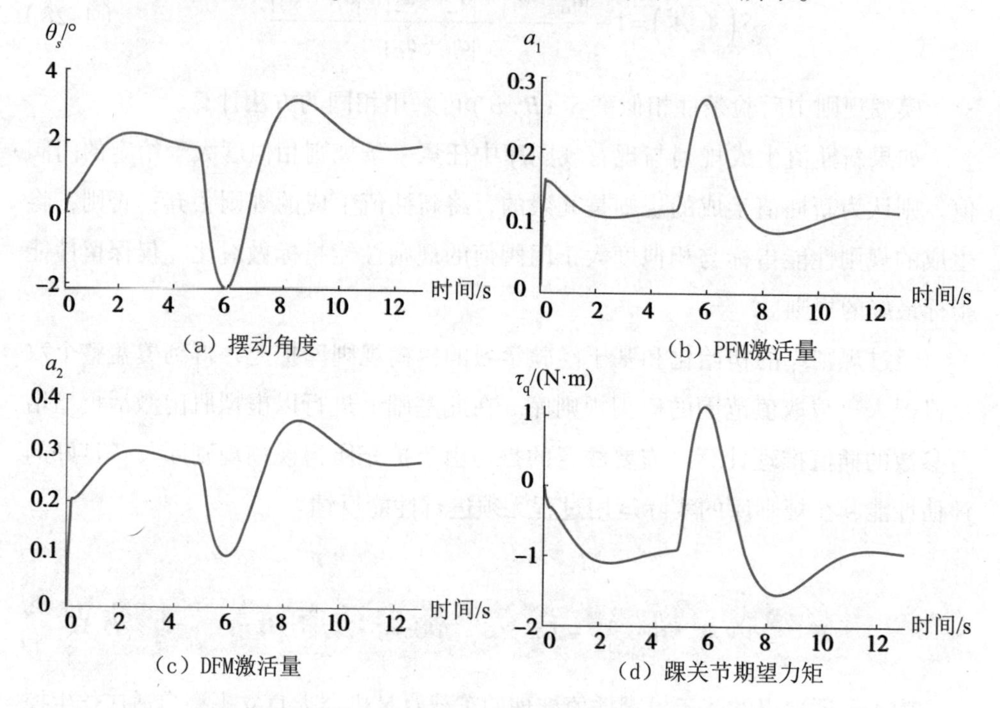

图 4–7　双足机器人负载 1.5 kg 时的直立平衡控制结果

从图 4–7 可以得出以下结论：

（1）在 5 s 时刻，车载平台施加 1.5 m/s² 的加速度，使双足机械人速度达到 0.6 m/s 后匀速前进。在此过程中，双足机器人摆动角度 θ_s 先减小后增大最后稳定到 2° 左右的平衡位置 [见图 4–7（a）]。

（2）双足机器人躯干的摆动带动踝关节的转动，调节虚拟肌肉激活量 [见图 4–7（b）和图 4–7（c）]。PFM 激活量 a_1 呈现先增大后减小最终平稳的趋势，其峰值为 0.28 左右；DFM 激活量 a_2 呈现先减小后增大最终平稳的趋势，其最小值为 0.1 左右。虚拟肌肉激活模型激活量传入肌肉力学模型计算得到踝关节期望作用力矩 τ_q[见图 4–7（d）]，峰值为 1.1 N · m 左右。

根据双足机器人负载对应的总质量、CoM 垂直高度以及虚拟肌肉激活模型增益参数，可得到如表 4–2 所示的初始规则库。

表4-2　初始化模糊规则库

规则库	i	A_{1i}	A_{2i}	B_{1i}	B_{2i}
PFM 激活模型	1	（4.5,5.0,5.5）	（0.44,0.45,0.48）	（4.5,5.0,5.5）	（0.18,0.2,0.22）
	2	（3.0,3.5,4.0）	（0.38,0.40.0.42）	（3.5,4.0,4.5）	（0.13,0.15,0.17）
DFM 激活模型	1	（4.0,5.0,6.0）	（0.41,0.46,0.50）	（5.5,6.0,6.5）	（0.08,0.10,0.12）
	2	（3.0,3.5,4.0）	（0.38,0.40.0.42）	（5.0,5.5,6.0）	（0.55,0.75,0.95）

基于以上规则库所提出的仿生控制方法对于具有不同负载的双足机器人都可以完成基本的直立平衡控制任务。需要注意的是，由于初始规则库过于简单，双足机器人直立平衡过程中不会具备良好的控制效果，需要对规则库进一步更新、扩充，以获取更加完备的模糊规则库，使其达到精确的控制效果。

4.7.2 规则库创建

本书通过模糊规则库的更新进行规则库创建。在此阶段，设定如表 4-3 所示分布于双足机器人整个负载取值区间，对应的双足机器人总质量和 CoM 垂直高度。在各个设定值下完成模糊插值推理，并进行规则库的更新，得到对应双足机器人负载的模糊规则。

表4-3　双足机器人不同负载对应的总质量和CoM垂直高度

序号	负载 /kg	总质量 /kg	CoM 垂直高度 /m
1	2.0	5.5	0.47
2	1.5	5.0	0.456
3	1.0	4.5	0.44
4	0.5	4.0	0.42
5	0	3.5	0.40

以总质量为 4.5 kg，CoM 垂直高度为 0.44 m 的双足机器人为例，描述 PFM 激活模型增益参数的模糊插值更新过程。模糊插值推理及规则库的更新过程如下。

步骤 1：随机模糊化双足机器人的物理模型参数取值，得到三角模糊子集 $A_1^* = (4.1, 4.6, 4.8)$和$A_2^* = (0.42, 0.44, 0.45)$。

步骤 2：根据式（4–5），选择“距离”最近的两条规则。本次操作中，初始化规则库中 R_1 和 R_2 被选择进行模糊插值 .

步骤 3：规则插值操作。插值过程中主要参数 haokuo：位置相关因子 λ_1=0.67，λ_2=0.67，λ=0.67；平移因子 m_1=1.32，m_2 =0.12，M=0.72；缩放因子 S_1=1.43，S_2=1，S=1.21。基于此得到的插值规则为

R^*：如果 x_1 是A_1^*且 $_{x2}$ 是A_2^*，则 y_1 是B_1^*且 y_2 是B_2^*。

步骤 4：去模糊化 B_1^* =（4.21，4.38，5.42），B_2^* =（0.16，0.17，0.21），得到推理准确值 y_1=4.67，y_2=0.18，作为 PFM 激活模型的增益参数 G_l 和 G_v。采用同样的方法更新 DFM 激活模型的增益参数。

步骤 5：将插值更新后的激活模型增益参数代入直立平衡仿生控制方法，完成双足机器人的直立平衡控制试验，并记录平衡过程中的双足机器人摆动角度，如图 4–8（a）所示。

步骤 6：基于双足机器人摆动角度计算控制性能反馈，进而更新规则库。在本次操作中，双足机器人直立平衡控制过程的摆动角度如图 4–8（a）所示，直立平衡控制性能反馈为负。因此本次插值生成的模糊规则不添加到模糊规则库中。

步骤 7：重新从步骤 1 开始进行插值运算，直到插值规则的控制性能反馈为正 [图 4–8（b）]，且模糊规则库中没有与其相似的规则，将插值规则添加到模糊规则库中，得到此时双足机器人直立平衡控制过程的摆动角度 θ_s。

双足机器人直立平衡过程摆动角度如图 4–8 所示。

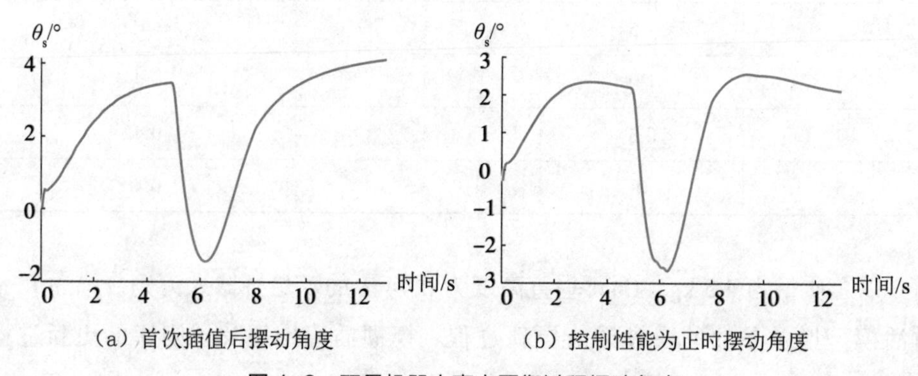

（a）首次插值后摆动角度　　（b）控制性能为正时摆动角度

图 4–8　双足机器人直立平衡过程摆动角度

分别对具有表 4–3 中不同负载的双足机器人进行车载直立平衡试验。通过模糊插值学习，可以得到覆盖整个负载取值范围的模糊规则库，基于所得模糊规则库可以进行双足机器人工作时的自适应直立平衡控制。所得到的模糊规则库如表 4–4 和表 4–5 所示。

表4–4　PFM激活模型增益参数模糊规则库

i	A_{1i}	A_{2i}	B_{1i}	B_{2i}
1	（4.5,5.0,5.5）	（0.44,0.47,0.50）	（4.5,5.0,5.5）	（0.18,0.2,0.22）
2	（4.5,5.0,5.5）	（0.43,0.46,0.48）	（4.5,5.0,5.5）	（0.18,0.2,0.22）
3	（4.2,4.4,4.9）	（0.41,0.45.0.46）	（4.2,4.6,4.9）	（0.16,0.18,0.19）
4	（3.6,4.1,4.3）	（0.40,0.42,0.44）	（3.9,4.2,4.3）	（0.15,0.17,0.18）
5	（3.0,3.5,4.0）	（0.38,0.40.0.42）	（3.5,4.0,4.5）	（0.13,0.15,0.17）

表4–5　DFM激活模型增益参数模糊规则库

i	A_{1i}	A_{2i}	B_{1i}	B_{2i}
1	（4.5,5.0,5.5）	（0.44,0.47,0.50）	（3.4,3.9,4.4）	（0.23,0.25,0.27）
2	（4.5,5.0,5.5）	（0.43,0.46,0.48）	（3.4,3.9,4.4）	（0.23,0.25,0.27）
3	（4.2,4.4,4.9）	（0.41,0.45.0.46）	（3.2,3.6,3.9）	（0.20,0.22,0.23）
4	（3.6,4.1,4.3）	（0.40,0.42,0.44）	（3.1,3.4,3.5）	（0.18,0.20,0.22）
5	（3.0,3.5,4.0）	（0.38,0.40.0.42）	（2.8,3.2,3.7）	（0.16,0.18,0.20）

4.7.3 自适应控制仿真

本节采用直立平衡自适应仿生控制方法和生成的模糊规则库（见表 4–4 和表 4–5），完成具有任意负载的双足机器人直立平衡控制。遍历整个双足机器人负载取值区间，在相同的车载加速度干扰下逐个进行车载双足机器人直立平衡控制试验。具有不同负载的双足机器人直立平衡控制过程中摆动范围 θ_r 如图 4–9 所示。摆动范围 θ_r 保持在 4.45° ~4.8° 的范围内。随着双足机器人总质量的增大和 CoM 高度的增加，直立平衡控制过程的摆动范围 θ_r 呈增大趋势。具有不同负载的双足机器人抗扰周期 T_c 如图 4–10 所示，抗扰周期 T_c 保持在 4.4~6.2 s 的范围内。随着机器人质量的增大和 CoM 垂直高度的增加，

抗扰周期 T_c 呈增大趋势。

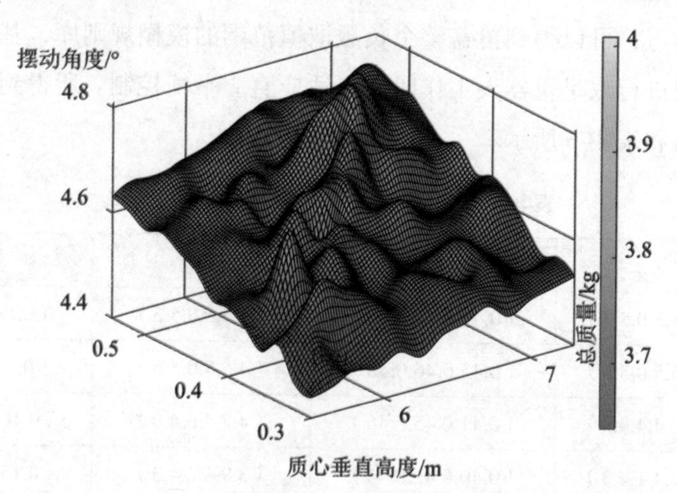

图 4-9 具有不同负载的双足机器人直立平衡过程摆动角度

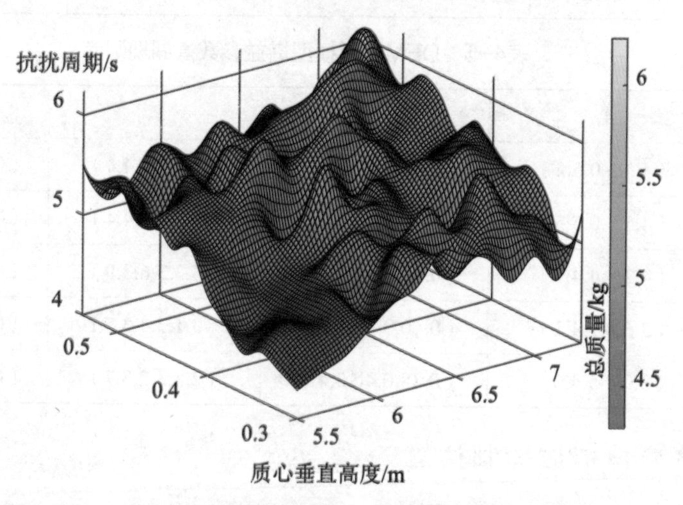

图 4-10 具有不同负载的双足机器人直立平衡过程抗扰周期

从图 4-9 和图 4-10 可以得出以下结论：

（1）在双足机器人负载取值空间内，双足机器人表现出良好的直立平衡控制性能，具有比较接近的摆动角度（4.45°~4.8°）和比较接近的抗扰周期：（4.4~6.2 s）。

（2）试验结果验证了车载双足机器人直立平衡自适应仿生控制方法在双足机器人工作过程中的各种负载状态下都能保持车载双足机器人直立平衡，具备自适应控制能力。

4.8　本章小结

本章在分析虚拟肌肉激活模型增益参数对直立平衡控制性能影响的基础上，针对车载双足机器人负载发生变化时直立平衡控制性能变差的问题，研究并提出了基于模糊插值推理的直立平衡自适应仿生控制方法。借鉴经验学习教学法，提出了基于经验学习的模糊插值推理算法，在车载双足机器人负载发生变化时自动更新虚拟肌肉激活模型增益参数，仿真验证了直立平衡自适应仿生控制方法的有效性。

本章的主要工作及研究结果如下：

（1）针对车载双足机器人负载发生变化时直立平衡控制性能变差的问题，采用模糊插值推理算法自动更新虚拟肌肉激活模型增益参数，提出基于模糊插值推理的直立平衡自适应仿生控制方法。其原理如下：首先，根据双足机器人当前负载对应的质量中心垂直高度和总质量，经过模糊插值推理运算，更新虚拟肌肉激活模型增益参数；其次，获取踝关节角度和车载平台运动信息，根据提出的直立平衡仿生控制方法，计算得到踝关节期望作用力矩。

（2）借鉴教育学中的经验学习教学法，提出了基于经验学习的模糊插值推理算法，形成模糊规则库“使用—反馈—更新”的闭环学习回路，当双足机器人负载发生变化时，通过模糊插值推理，更新直立平衡仿生控制方法中虚拟肌肉激活模型增益参数。

（3）提出了模糊规则库初始化方法。首先，通过两组具有特定总质量和质量中心垂直高度的双足机器人，进行直立平衡控制试验，依靠专家经验调整虚拟肌肉激活模型增益参数，使得双足机器人直立平衡控制性能评估为正；其次，将双足机器人的总质量、质量中心垂直高度和虚拟肌肉激活模型增益参数分别模糊化，得到两条模糊规则，作为初始化模糊规则库。

（4）提出了模糊插值推理方法。首先，通过遍历模糊规则库中所有模糊规则，寻找与给定决策需求欧氏距离最小的两条规则作为被选择规则，完成模糊规则选择；其次，利用被选中规则的先验条件与给定决策需求对应先验条件的转换尺度，计算插值规则的后验条件，通过解模糊化得到给定决策需求的推理结果，完成模糊插值推理运算。

（5）在决策反馈评估的支持下，提出模糊规则库的更新方法。首先，采用误差积分准则计算车载双足机器人直立平衡控制过程中双足机器人倾斜角度误差积分值，判断插值生成的模糊规则性能；其次，遍历现存模糊规则库中所有模糊规则，计算插值生成规则与规则库中所有现存规则的相似度，仅保留性能指标好且相似度小的插值规则，完成模糊规则库的更新。

（6）基于构建的车载双足机器人直立平衡控制仿真试验平台，完成了车载双足机器人直立平衡自适应仿生控制方法的仿真验证。试验结果表明，双足机器人负载为0~2 kg时，摆动范围 θ_r 保持在4.45° ~4.8° 之间，抗扰周期 T_c 保持在4.4~6.2 s之间，双足机器人表现出良好的直立平衡控制性能。所提出的车载双足机器人直立平衡自适应仿生控制方法在双足机器人工作过程中的各种负载状态下，都能保持车载双足机器人直立平衡，具有自适应控制能力。

本章的研究结果，为车载双足机器人变负载下的自适应直立平衡控制，提供了一种解决方案。

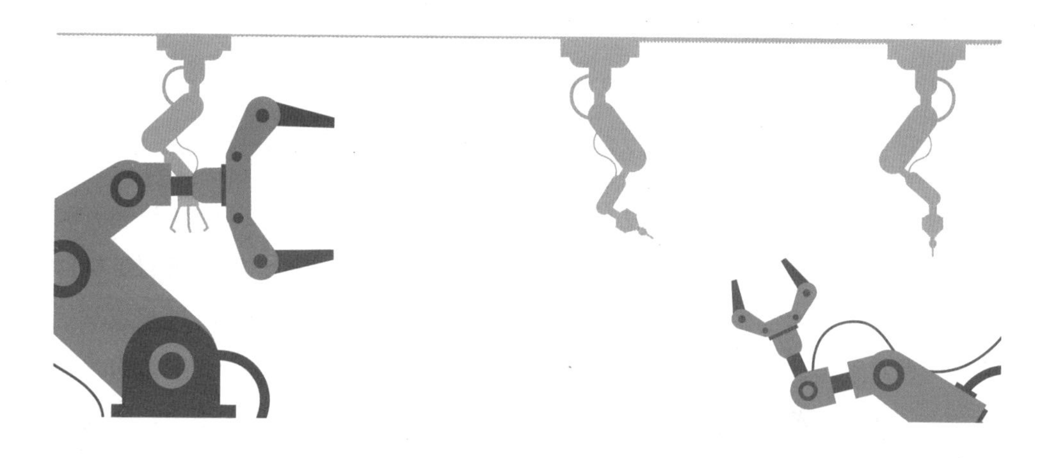

第 5 章　基于时变参数阻抗模型的直立平衡仿生控制

为了直立平衡仿生控制方法的工程实现，本章针对直立平衡仿生控制方法中肌肉力学模型结构复杂且包含许多不易观测的变量的问题，通过将双足机器人踝关节简化为由惯性、阻尼与弹性单元组成的二阶阻抗模型，改进车载双足机器人直立平衡仿生控制方法，提出基于时变参数阻抗模型的直立平衡仿生控制方法，估计车载双足机器人直立平衡控制过程中踝关节期望作用力矩，完成车载双足机器人直立平衡控制。

首先，分析时变参数阻抗模型的直立平衡仿生控制方法原理，通过阻抗控制环和动力学控制环的共同作用估计直立平衡过程中踝关节期望作用力矩；然后，构建踝关节阻抗模型，根据获取的虚拟肌肉激活量更新阻抗模型目标阻抗参数，评估双足机器人直立平衡过程中踝关节的抗扰力矩；第三，构建车载双足机器人直立平衡倒立摆模型，获取踝关节动态作用力矩，并与踝关节的抗扰力矩一起构成直立平衡控制过程中踝关节期望作用力矩；最后，在构建的车载双足机器人直立平衡控制仿真试验平台上，设计固定参数阻抗模型和时变参数阻抗模型的对比验证试验，验证基于时变参数阻抗模型的直立平衡仿生控制方法的有效性。

5.1 基于时变参数阻抗模型的直立平衡仿生控制方法原理

人类经过漫长的进化，具备快速反应能力的同时，对复杂环境具有极强的适应能力。为了使双足机器人具备人类的直立平衡控制行为特征，第 3 章提出了基于踝关节肌肉驱动机制的车载双足机器人直立平衡仿生控制方法，用于完成车载双足机器人的直立平衡控制任务。在提出的直立平衡仿生控制方法中，采用肌肉力学模型从机械层面给出了人体踝关节肌肉的数学描述。然而，其结构较为复杂，且具有许多不易观测的变量（如 r，ρ，l_{opt}，θ_{opt}，θ_{max} 和 F_{max} 等），不利于直立平衡仿生控制方法在双足机器人控制中的推广应用。

考虑到人体踝关节虽然结构复杂，却可利用由惯性、阻尼与弹性单元组成的二阶阻抗模型进行描述，本书将双足机器人踝关节简化为阻抗模型，对仿生控制方法进行改进，提出基于时变参数阻抗模型的直立平衡仿生控制方法，估计车载双足机器人直立平衡过程中踝关节期望作用力矩。

基于时变参数阻抗模型的直立平衡仿生控制方法原理示意图如图 5-1 所示。

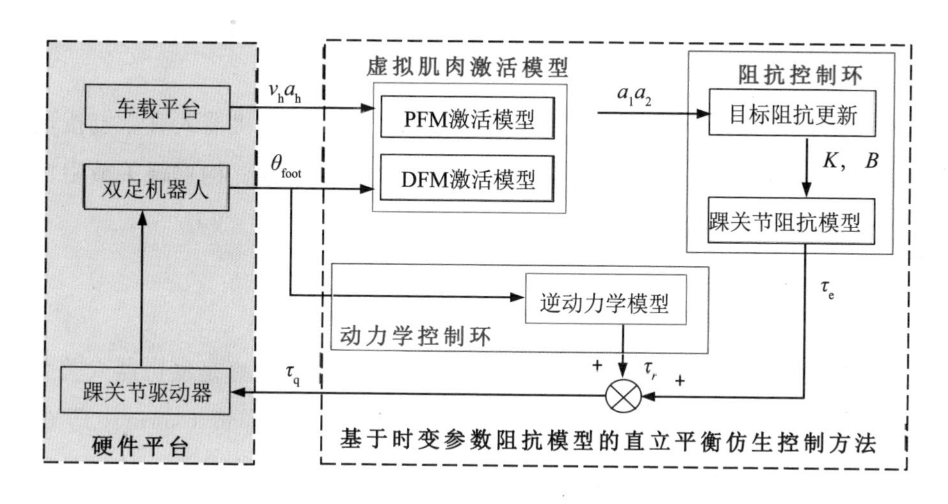

图 5-1　基于时变参数阻抗模型的直立平衡仿生控制方法原理示意图

由图 5-1 可知，基于时变参数阻抗模型的直立平衡仿生控制方法由阻抗控制环和动力学控制环实现。其中，阻抗控制环将双足机器人踝关节简化为阻抗模型，获取踝关节抗扰力矩 τ_e；动力学控制环由双足机器人逆动力学模型获取踝关节动态力矩 τ_r。以上两路作用力矩通过加权获取踝关节期望作用力矩 τ_q。

1. 获取踝关节抗扰力矩

踝关节抗扰力矩获取由阻抗控制环实现。阻抗控制环通过获取车载平台运动信息（速度 v_h 和加速度 a_h）和双足机器人踝关节角度 θ_{foot} 信号，经 PFM 激活模型和 DFM 激活模型计算虚拟肌肉激活量 a_1、a_2，送入“阻抗参数计算”环节实时获取目标阻抗参数 K 和 B，送入踝关节阻抗模型根据双足机器人踝关节角度 θ_{foot} 信号，计算得到当前状态下双足机器人的踝关节抗扰力矩 τ_e。

2. 获取踝关节动态作用力矩

踝关节动态作用力矩由动力学控制环实现。动力学控制环通过获取双足机器人踝关节角度 θ_{foot} 信号，经逆动力学模型计算踝关节动态作用力矩 τ_r。

3. 计算踝关节期望作用力矩

将踝关节抗扰力矩 τ_e 和踝关节动态作用力矩 τ_r 通过加权求和，计算得到踝关节期望作用力矩 τ_q。

5.2 踝关节抗扰力矩获取

本书通过构建双足机器人踝关节阻抗模型，评估双足机器人直立抗扰过程中踝关节的抗扰力矩。首先通过分析阻抗环节的柔顺特性，构建踝关节阻抗模型；然后提出阻抗参数的计算方法。

5.2.1 踝关节阻抗模型构建

Hogan 在 1985 年提出了阻抗控制的概念，其重要出发点是使机器人关节呈现出一种类似于人体关节的“松软（gloppy）”或“类似弹簧（springy）”的柔顺控制行为。其基本思想为将被控对象与约束环境看作耦合的统一体，从能量传递角度描述系统的相互作用[122,123]。物理系统间能量传递功率可以定义为一对共轭变量：势（effort，力、力矩和电压等）和流（flow，速度、角速度和电流等）的乘积。Hogan 定义阻抗系统为：流作为输入，势作为输出的物理系统；定义导纳系统为：势作为输入，流作为输出的物理系统。

总结出两条重要规则[124-126]：

（1）现实自然世界中的物理系统只能属于阻抗或导纳中的一种。

（2）柔顺控制的前提条件为：两个能量交换的系统必须进行“互补”，也就是说，如果一个系统表现出阻抗特性，另一个系统必须表现出导纳特性，反之亦然。

双足机器人的工作环境，如车载平台、墙壁障碍物等，通常需保持自身的移动或静止状态，即属于导纳系统。对于车载双足机器人，控制的目的是保持其直立平衡状态，也属于导纳系统。要达到柔顺控制的目的，需引入一个阻抗环节，将这种控制方式称为阻抗控制。

双足机器人与环境的阻抗控制功率键合图如图 5-2 所示。

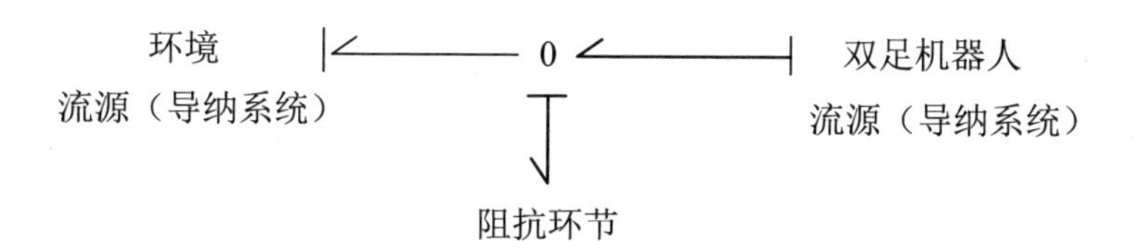

图 5-2　双足机器人与环境的阻抗控制功率键合图

阻抗模型由虚拟的弹簧－阻尼－质量系统组成。将双足机器人踝关节看作阻抗模型，能够防止控制势（力矩）或流（角速度）的突变，使得双足机器人与环境导纳特性相匹配，进而达到柔顺控制的目的。可以根据输入的流（位置误差）决定输出的势（力），即双足机器人踝关节的抗扰力矩。

车载双足机器人的踝关节阻抗模型示意图如图 5-3 所示。

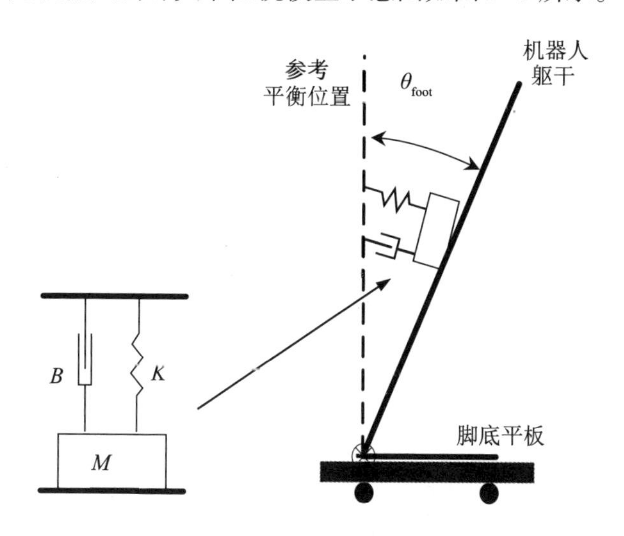

图 5-3　车载双足机器人的踝关节阻抗模型示意图

在笛卡儿坐标系中，阻抗模型具有由输入位置误差 x_e 推导环境作用力 f_e 的作用，可以描述为

$$f_e = kx_e + b\dot{x}_e + m\ddot{x}_e \tag{5-1}$$

其中，k，b，m 分别为阻抗环节的期望刚度、期望阻尼、期望惯量。

定义雅克比矩阵$\boldsymbol{J}(\theta_{foot})$为

$$dx = \boldsymbol{J}(\theta_{foot})d\theta_{foot} \tag{5-2}$$

其中，θ_{foot} 为双足机器人躯干倾斜角度。则基于阻抗模型的踝关节作用力矩可以表示为

$$\tau_e = \boldsymbol{J}^T(\theta_{foot})(kx_e + b\dot{x}_e + m\ddot{x}_e) \tag{5-3}$$

双足机器人踝关节笛卡儿坐标与关节坐标之间的运动学模型为

$$x = l\sin\theta_{foot} \tag{5-4}$$

在直立平衡过程中，踝关节运动角度较小，因此存在 $\sin\theta_{foot} \approx \theta_{foot}$。故在关节坐标下，基于阻抗模型的关节力矩可重新表示为

$$\tau_e = \boldsymbol{J}^T(\theta_{foot})(k\theta_e + b\dot{\theta}_e + m\ddot{\theta}_e)l \tag{5-5}$$

其中，$\theta_e = \theta_{foot} - \theta_{ref}$；$\theta_{ref}$ 为双足机器人直立平衡状态下的躯干倾斜角度。由于 k，b，m 和 l 都为常系数，式（5-5）可以重新写为

$$\tau_e = K\theta_e + B\dot{\theta}_e + M\ddot{\theta}_e \tag{5-6}$$

其中，K,B,M 分别为阻抗环节的目标刚度、目标阻尼和目标惯量。由式（5-5）可得：

$$\begin{cases} K = \boldsymbol{J}^T(\theta_{foot})kl \\ B = \boldsymbol{J}^T(\theta_{foot})kl \\ M = \boldsymbol{J}^T(\theta_{foot})ml \end{cases} \tag{5-7}$$

将式（5-6）称为踝关节阻抗模型。如果不考虑误差加速度项，阻抗模型与 PD 控制模型具有相似的表现形式，但是它们具有本质的区别。PD 控制模型是基于偏差的控制模型，用于目标轨迹的跟踪（tracking），使得输出信号近似达到参考期望信号。阻抗模型根据环境干扰引起的执行机构位置误差，评估环境干扰作用力，进而对执行机构运动规划作用力矩进行补偿，其目的是实现执行机构的柔顺控制。

5.2.2 阻抗参数性能分析

由踝关节阻抗模型研究可得，阻抗控制模型实际上为一个二阶质量－弹簧－阻尼系统，可表示为$Z(s) = Ms^2 + Bs + K$。阻抗控制的目的为通过选用合适的阻抗参数实现理想的目标阻抗，并实现车载双足机器人的直立抗扰控制。M 为目标惯量，对关节的快速旋转运动有较大影响；B 为目标阻尼，对关节的中速旋转运动有较大影响；K 为目标刚度，对关节的慢速旋转运动有较大影响。为了得到良好的直立抗扰控制性能，必须合理地调节关节目标阻抗参数，本节分析参数对阻抗控制响应的影响。

1. 目标惯性参数性能分析

在对目标惯性参数 M 进行分析的过程中，固定目标阻尼参数 B 和目标刚度参数 K，分别选择 4 组不同的目标惯性参数 M，定量分析控制系统的响应过程。基于 Matlab 仿真计算，选取期望作用力为 10 N，目标阻尼参数 B 为 35，目标刚度参数 K 为 600，仅改变目标惯性参数 M 的值，得到阶跃响应曲线，如图 5-4 所示。

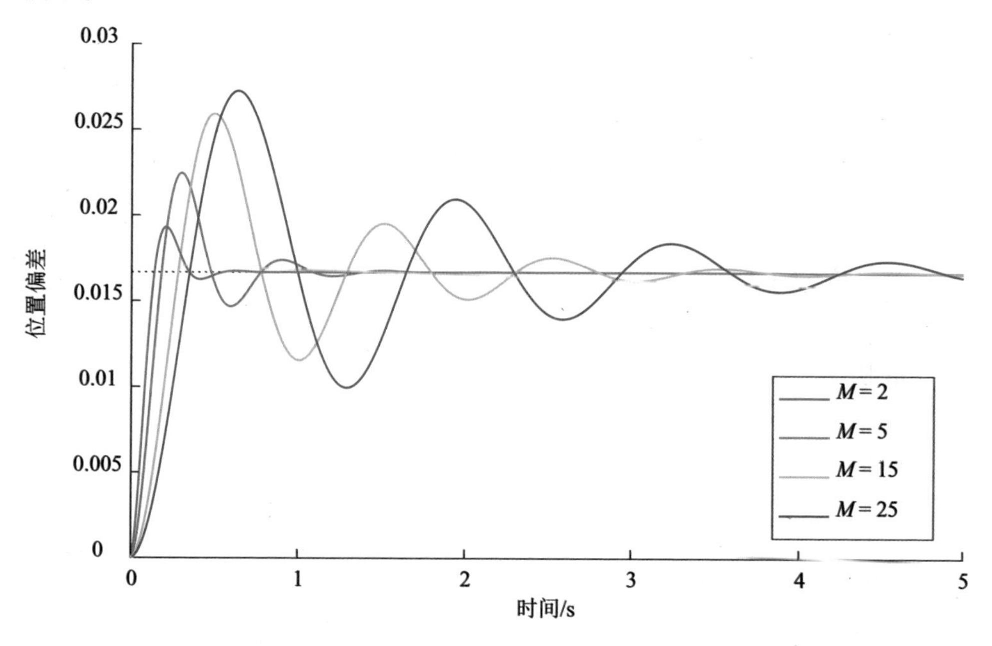

图 5-4　阻抗控制目标惯性 M 性能分析

由响应曲线可知，目标惯性参数 M 的值基本上不影响位置稳态误差值，但随着目标惯性取值的增大，位置偏差值逐渐出现超调。在超调产生前，响应曲线的上升速度随目标惯性的增大略有减小，但调整时间逐渐变小；在响应产生超调后，响应曲线的上升速度和调整时间均随着目标惯性的增大而增大。出现以上情况主要是由于目标阻抗要接近实际的机器人动力学模型中相应项，惯性系数反映了机器人腿部的加速度特性，当惯性参数比实际惯性大时，表明机器人腿部的惯性量较大，所以在接触过程中对环境的冲击较大，达到稳态值的时间较长；当目标惯性比实际惯性小时，表明腿部的惯性量较小，所以其达到稳态值的时间也较短。因此，目标惯性参数 M 的大小应参考机器人腿部的时间惯量来选取，在其附近调整。

2. 目标阻尼参数性能分析

在对目标阻尼参数 B 进行分析的过程中，固定目标刚度参数 K 和目标惯性参数 M，分别选择 4 组不同的目标阻尼参数 B，定量分析控制系统的响应过程。基于 Matlab 仿真计算，选取期望作用力为 10 N，目标刚度参数 K 为 600，目标惯性参数 M 为 1，仅改变目标阻尼参数 B 的值，得到阶跃响应曲线，如图 5-5 所示。

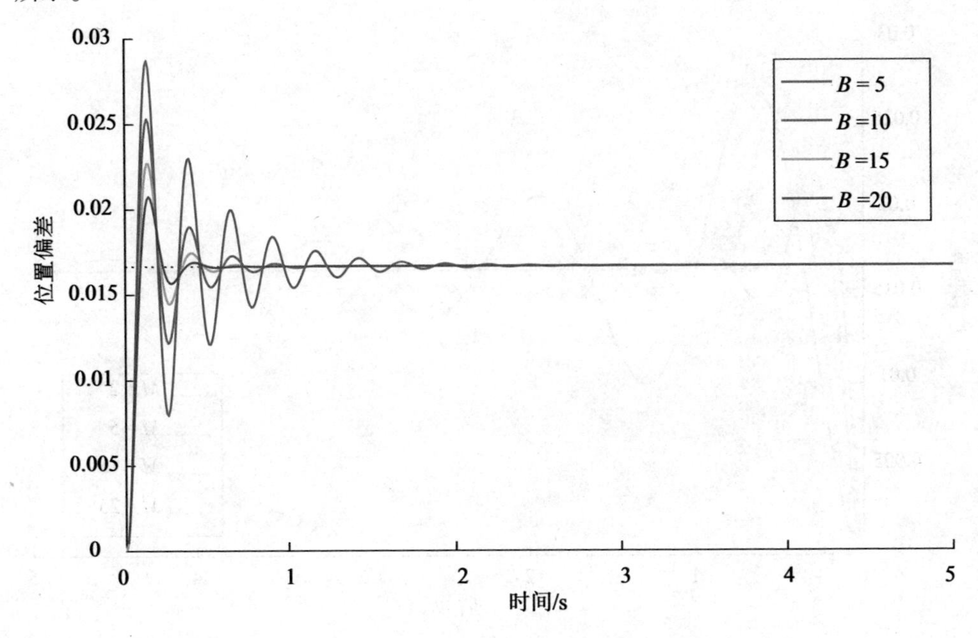

图5-5　阻抗控制目标阻尼B性能分析

由响应曲线可知，目标阻尼参数 B 的值基本上不影响位置稳态误差值，只对动态响应过程造成影响。具体表现为，随着目标阻尼取值的增大，位置偏差值逐渐超调量逐渐减小，并且达到稳定的时间越来越短，但增大阻尼量会使响应曲线上升速度降低。因此，目标阻尼对响应速度影响较大，需要根据所要求的特性合理选择。

3. 目标刚度参数性能分析

在对目标刚度参数 K 进行分析的过程中，固定目标阻尼参数 B 和目标惯性参数 M，分别选择 4 组不同的目标刚度参数 K，定量分析控制系统的响应过程。基于 Matlab 仿真计算，选取期望作用力为 10 N，目标阻尼参数 B 为 35，目标

惯性参数 M 为 1，仅改变目标刚度参数 K 的值，得到阶跃响应曲线，如图 5-6 所示。

显然，K 的变化对响应速度影响不大，其主要影响稳态值，随着 K 的增大，系统超调量越来越小。从实际的阻抗参数的物理意义中也不难看出：当 K 值增加时相当于被控对象端和环境接触越来越硬，达到期望力所需的位置修正值自然越小，显示出较硬的输出特性。刚度参数是机械臂末端刚度值，直接反映机械臂末端与环境接触时是呈现刚性还是柔性。一般而言，要根据任务特性来选取刚度参数，使被控对象的接触力满足系统要求，而其他参数的调整要尽量地使系统处于临界阻尼或过阻尼的状态，以保证系统的稳定性。

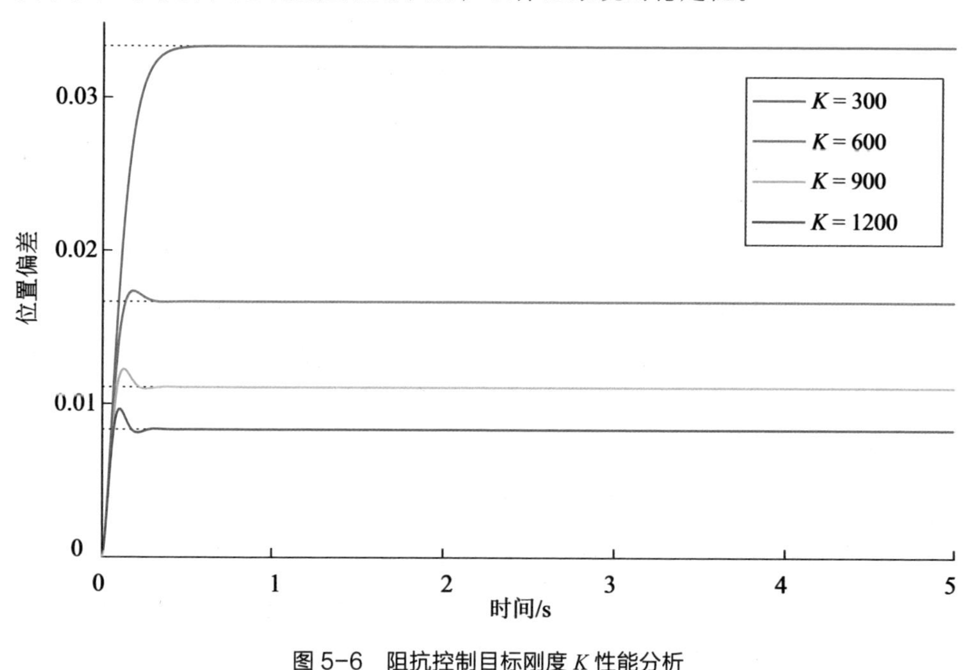

图 5-6　阻抗控制目标刚度 K 性能分析

5.2.3 目标阻抗参数计算

为了得到良好的直立平衡控制性能，必须合理地调节目标阻抗参数。首先采用最优二次型获取踝关节固有阻抗 K_0，然后根据实时获取的虚拟肌肉激活量 a_1 和 a_2，确定目标阻抗参数 K 和 B 的计算方程式。

对于人体直立平衡的研究表明，在中枢神经系统的控制下，人体能够自动调节踝关节机械阻抗，以适应直立平衡过程中踝关节的运动状态。人体踝关节力矩主要由踝关节相关肌肉的伸缩提供，踝关节机械阻抗由踝关节相关肌肉刚度决定。骨骼肌的肌纤维组织和肌腱都具有一定的弹性刚度，可将骨骼肌的刚度看作肌纤维组织刚度与肌腱刚度串联的结果。肌电信号受中枢神经控制调节，是表征肌肉伸缩和肌肉刚度的重要信息。也就是说，踝关节相关肌肉的肌电信号与踝关节机械阻抗的调节具有很大的关联性。人体踝关节机械阻抗的实时变化特性，使得踝关节兼具能量消耗低和快速稳定的优势。

受人体踝关节阻抗参数实时调节这一特性的启发，为了提高双足机器人直立平衡控制性能，本书针对双足机器人踝关节阻抗模型参数，以虚拟肌肉激活模型为基础，提出目标阻抗参数计算方法，其原理示意图如图 5-7 所示。

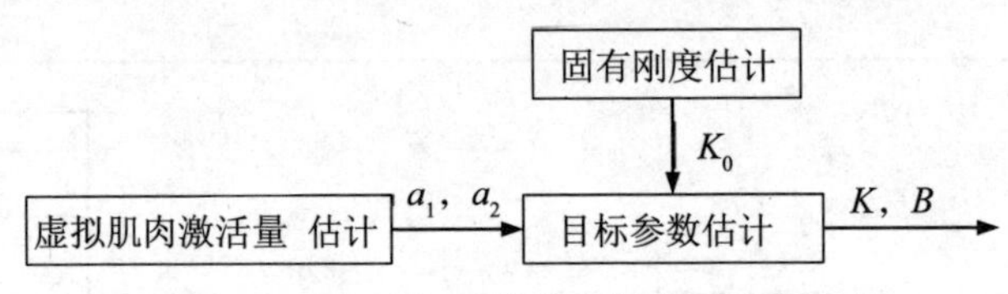

图 5-7 目标阻抗参数计算方法原理示意图

本章提出的基于时变参数阻抗模型的直立平衡仿生控制方法无须肌肉力学模型的参与，仅实时计算虚拟肌肉模型的激活量，用于评估踝关节时变阻抗参数。因此，目标阻抗计算主要包括固有刚度估计、虚拟肌肉激活量估计和目标阻抗参数估计。

1. 固有刚度估计

最优二次型调节器作为现代控制理论的重要组成部分，已经广泛应用于各种控制系统的设计之中，其特点是：采用线性微分方程或线性差分方程描述动态系统，优化目标代价函数具有明确的物理意义；系统设计规范，具有统一的解析解形式；构成反馈控制形式，可得到反馈控制最优解。因此，本书采用最优二次型调节器估计踝关节阻抗模型的固有刚度 K_0。

为了方便构建系统的状态方程，将系统的输入控制量定义为

$$u = \tau - mga \tag{5-8}$$

其中，mga 为车载干扰的补偿量，在最优求解过程中暂不考虑，可得$u = \tau$；双足机器人躯干的倾斜角度和角速度作为系统状态变量：$\boldsymbol{x} = (\theta_e, \dot{\theta}_e)$。因此，系统的状态方程可表示为

$$
\begin{cases}
\dot{\boldsymbol{x}} = \boldsymbol{A}\boldsymbol{x} + \boldsymbol{B}u \\
\boldsymbol{A} = \begin{pmatrix} 0 & 1 \\ \dfrac{mgl}{I} & 0 \end{pmatrix}, \boldsymbol{B} = \begin{pmatrix} 0 \\ -\dfrac{1}{I} \end{pmatrix} \\
x_1(0) = 0, \dot{x}_1(\infty) = 0, x_2(0) = \dot{\theta}_0, x_2(\infty) = 0
\end{cases}
\tag{5-9}
$$

根据零力矩点（zero moment point, ZMP）稳定判据理论（如果零力矩点在支撑多边形内部，则双足机器人可保持稳定直立状态；如果零力矩点在支撑多边形外部（包含边界），则双足机器人为直立不稳定状态），双足机器人在直立状态时，其零力矩点与足底压力中心重合。因此，可构建用于表征双足机器人脚底板压力中心 x_{cop} 偏离量平方值的代价函数，定义为

$$
V_{\text{c}} = \int_0^\infty x_{\text{cop}}^2 \text{d}t = \int_0^\infty \frac{\tau^2}{(mg)^2} \text{d}t \tag{5-10}
$$

根据上述基于压力中心的代价函数，可以将车载双足机器人的直立平衡控制问题转换为一个线性二次型优化问题。其最优解由贝尔曼最优原则决定，最优解形式可表示为

$$
u(t) = -K_u x(t) \tag{5-11}
$$

其中，K_u 为最优增益量，满足：

$$
K_u = \boldsymbol{R}^{-1}\boldsymbol{B}^{\text{T}}\boldsymbol{P} \tag{5-12}
$$

式（5-12）中，矩阵 $\boldsymbol{P}$ 是黎卡提方程（algebraic riccati equation，ARE）的唯一正定解，即满足：

$$
-\boldsymbol{Q} - \boldsymbol{A}^{\text{T}}\boldsymbol{P} - \boldsymbol{P}\boldsymbol{A} + \boldsymbol{P}\boldsymbol{B}\boldsymbol{R}^{-1}\boldsymbol{B}^{\text{T}}\boldsymbol{P} = 0 \tag{5-13}
$$

其中，$\boldsymbol{P}$ 为对称矩阵；$\boldsymbol{Q}$ 为零矩阵；由代价函数式（5-10）可得，$\boldsymbol{R}$ 矩阵表示为

$$
\boldsymbol{R} = \frac{1}{(mg)^2} \tag{5-14}
$$

将矩阵 $\boldsymbol{R}$，$\boldsymbol{Q}$ 带入式（5-13）求解可得：

$$
\boldsymbol{P} = \begin{pmatrix} \dfrac{2Il}{mg} & 0 \\ 0 & \dfrac{2I}{mg}\sqrt{\dfrac{Il}{mg}} \end{pmatrix} \tag{5-15}
$$

根据式（5–11）和式（5–15），系统控制输入为

$$u = -\boldsymbol{R}^{-1}\boldsymbol{B}^{\mathrm{T}}\boldsymbol{P}x - mga = 2mgl\theta_{\mathrm{e}} + 2mg\sqrt{\frac{Il}{mg}}\dot{\theta}_{\mathrm{e}} - mga \tag{5-16}$$

为了避免关节位置二次微分引入的噪声影响，本书忽略阻抗关系中的惯性项，根据踝关节阻抗模型可得踝关节抗扰力矩，即

$$\tau_{\mathrm{e}} = K\theta_{\mathrm{e}} + B\dot{\theta}_{\mathrm{e}} \tag{5-17}$$

其中，踝关节阻抗模型的解析最优解为

$$\begin{cases} K = 2mgl \\ B = 2\sqrt{Imgl} \end{cases} \tag{5-18}$$

将踝关节阻抗模型的最优刚度值看作为踝关节的固有刚度，即

$$K_0 = 2mgl \tag{5-19}$$

2. 虚拟肌肉激活量估计

本书采用虚拟肌肉激活模型，根据实时获取的双足机器人踝关节信息（角度 θ_{foot} 和角速度 $\dot{\theta}_{\mathrm{foot}}$）和车载平台运动信息（速度 v_{h} 和加速度 a_{h}），获取虚拟肌肉激活量 a_1 和 a_2（见第 2 章）。

3. 目标阻抗参数估计

根据虚拟肌肉激活量 a_1, a_2 和踝关节固有刚度 K_0，完成目标阻抗参数估计。

目标阻抗参数估计过程可分为三个步骤，具体为如下。

步骤 1：评估虚拟肌肉共同激活量。双足机器人直立平衡仿生控制方法采用 PFM 肌肉力学模型模拟人体踝关节 PFM，用 DFM 肌肉力学模型模拟人体踝关节 DFM（见 3.1 节）。为了评估双足机器人踝关节的肌肉力学模型整体激活状态，引入虚拟肌肉共同激活量的概念，定义为：与踝关节活动相关联的虚拟肌肉激活量加权平均值。

本书采用动态变化方式计算虚拟肌肉共同激活量，使得虚拟肌肉激活模型权重值随着对应虚拟肌肉激活量的变化而变化，同时保证各虚拟肌肉激活模型的权重之和为 1。因此，肌肉激活模型的权重定义为

$$w_i = \frac{a_i(t)}{\sum_{i=1}^{n} a_i(t)} \tag{5-20}$$

其中，w_i 为虚拟肌肉激活模型；i 为第 i 个虚拟肌肉激活模型；n=2。

在虚拟肌肉激活量 a_1 和 a_2 已知的情况下，虚拟肌肉共同激活量 $p(t)$ 可由下式计算：

$$p(t)=\sum_{i=1}^{n} w_i a_i(t) \tag{5-21}$$

步骤 2：评估踝关节虚拟肌肉共同收缩指标。踝关节相关肌肉共收缩指标（index of muscle co-contraction around the Joint, IMCJ）是踝关节活动时，虚拟肌肉收缩状态的整体评估指标，其与踝关节的机械阻抗参数线性相关。踝关节相关肌肉共同收缩指标可以用踝关节肌肉共同激活量的非线性模型表征，表示为：

$$\alpha(t)=1+\frac{\beta_1\left(1-\mathrm{e}^{-\beta_2 p(t)}\right)}{\left(1+\mathrm{e}^{-\beta_2 p(t)}\right)} \tag{5-22}$$

其中，$\alpha(t)$为踝关节虚拟肌肉共同收缩指标；β_1，β_2为常系数。

步骤 3：踝关节目标阻抗参数的估计。踝关节阻抗模型中目标刚度等于关节固有刚度与关节肌肉共同收缩量的乘积，即

$$K=\alpha(t)K_0 \tag{5-23}$$

生物力学研究表明，关节机械刚度的开方与关节的机械阻尼值呈线性相关。因此，关节的目标阻尼可以由下式计算：

$$B=v\sqrt{K} \tag{5-24}$$

其中，v 为预设常系数。

在双足机器人直立平衡过程中，踝关节目标惯量仅发生细微的变化，本书将踝关节阻抗模型中惯量看作常系数。

基于以上分析，踝关节阻抗参数随踝关节角度和机器人质量中心位置变化而变化，阻抗参数评估过程如图 5-8 所示。

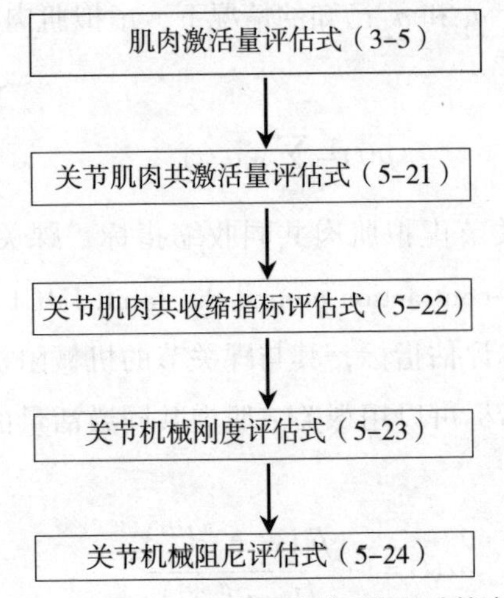

图 5-8　机器人踝关节阻抗模型参数计算流程

5.3　踝关节动态作用力矩获取

双足机器人动力学模型描述了双足机器人运动与关节动态作用力矩间的关系。双足机器人作为一个复杂的多连杆机电系统，受力信息错综复杂，难以建立精确的数学模型。车载双足机器人直立平衡控制的踝关节策略，仅适用于车载加速度较小的情况，此时双足机器人的脚底平面与车载平面不发生相对滑动运动，但是由于惯性作用，双足机器人的 CoM 相对踝关节会产生相对运动，造成双足机器人躯干的不平衡摆动，使得双足机器人承受跌倒的风险。

为了研究双足机器人直立平衡踝关节控制策略，可忽略摆臂、垫脚、曲体、跨步、后撤步等复杂动作。不失一般性地，可以将车载双足机器人简化为一个绕踝关节摆动的倒立摆模型（inverted pendulum，IP）。本书将双足机器人直立平衡过程，抽象为一个将所有重量都集中在 CoM 的倒立摆摆动过程。在该模型中，倒立摆转角（踝关节转动角度）用 θ_{foot} 表示，直立平衡时双足机器人 CoM 到踝关节距离用 l 表示，车载平台的加速度用 a_{h} 表示，踝关节动态作用力矩用 τ_r 表示。

在车载双足机器人直立平衡过程中，将踝关节作为机器人躯干的转动轴。起始状态下的踝关节位置标记为坐标原点，车载平台水平运动方向标记为 x 轴，车载平台的垂直方向标记为 y 轴，以此建立二维 x-y 坐标系，车载双足机器人的倒立摆模型如图 5-9 所示。

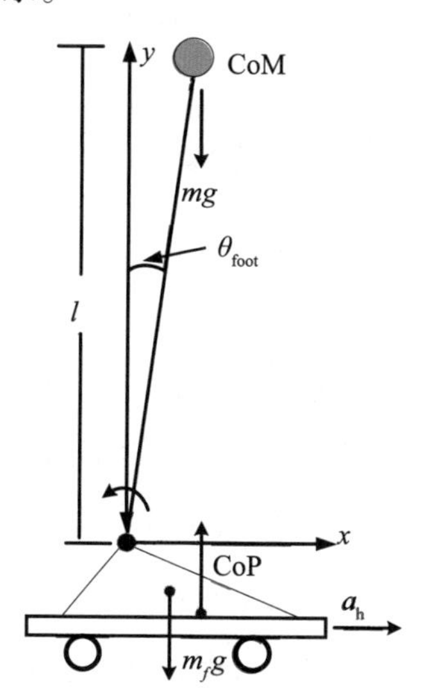

图 5-9　车载双足机器人的倒立摆模型

基于所建立的 x–y 坐标系，双足机器人 CoM 的坐标可表示为

$$x_{\text{CoM}}=\left(x+l\sin\theta_{\text{foot}}l\cos\theta_{\text{foot}}\right) \tag{5-25}$$

其中，x 为双足机器人踝关节的水平位移。双足机器人脚底平面与车载平面不发生相对滑动运动。因此，双足机器人踝关节水平位移等同于车载平台水平位移，此时双足机器人 CoM 水平方向的加速度可表示为

$$\dot{x}_{\text{CoM}}=\left[v_{\text{h}}+l\dot{\theta}_{\text{foot}}\cos\theta_{\text{foot}}-l\dot{\theta}_{\text{foot}}\sin\theta_{\text{foot}}\right] \tag{5-26}$$

其中，v_{h} 为双足机器人踝关节水平速度，也就是车载平台的水平速度。根据动能定理，双足机器人躯干的动能 K_r 可表示为

$$K_r=\frac{1}{2}m\dot{x}_{\text{CoM}}=\frac{1}{2}m(v_{\text{h}}{}^2+2v_{\text{h}}l\dot{\theta}_{\text{foot}}\cos\theta_{\text{foot}}+l^2\dot{\theta}_{\text{foot}}{}^2) \tag{5-27}$$

其中，m 为双足机器人的总质量。双足机器人躯干的势能可表示为

$$P=mgl\cos\theta_{\text{foot}} \tag{5-28}$$

由式（5-27）和式（5-28）可得拉格朗日算子为

$$L_r=K_r-P=\frac{1}{2}m(v_{\text{h}}{}^2+2v_{\text{h}}l\dot{\theta}_{\text{foot}}\cos\theta_{\text{foot}}+l^2\dot{\theta}_{\text{foot}}{}^2-mgl\cos\theta_{\text{foot}}) \tag{5-29}$$

于是得到：

$$\frac{\mathrm{d}}{\mathrm{d}t}\frac{\partial L_r}{\partial\dot{\theta}}=\frac{\mathrm{d}}{\mathrm{d}t}(mv_{\text{h}}l\cos\theta_{\text{foot}}+ml^2\dot{\theta}_{\text{foot}})=ml\dot{v}_{\text{h}}\cos\theta_{\text{foot}}-mv_{\text{h}}l\sin\theta_{\text{foot}}+ml^2\ddot{\theta}_{\text{foot}} \tag{5-30}$$

$$\frac{\partial L_r}{\partial \theta} = -mv_{\mathrm{h}} l \sin\theta_{foot} + mgl \sin\theta_{foot} \tag{5-31}$$

欧拉－拉格朗日方程为

$$\frac{\mathrm{d}}{\mathrm{d}t}\frac{\partial L_r}{\partial \dot{\theta}} - \frac{\partial L_r}{\partial \theta} = \tau \tag{5-32}$$

由式（5–32）可得车载双足机器人直立平衡踝关节动力学模型：

$$\tau = I\ddot{\theta}_{\mathrm{foot}} - mgl\sin\theta_{\mathrm{foot}} + mla_{\mathrm{h}}\cos\theta_{\mathrm{foot}} \tag{5-33}$$

其中，a_{h} 为车载平台的水平加速度；$I = ml^2$ 为双足机器人踝关节的转动惯量。双足机器人踝关节策略作用区间内，其躯干的摆动角度较小，于是存在 $\sin\theta_{\mathrm{foot}} \approx \theta_{\mathrm{foot}}$，$\cos\theta_{\mathrm{foot}} \approx 1$，代入式（5–33）并化简得到：

$$\tau = I\ddot{\theta}_{\mathrm{foot}} - mgl\theta_{\mathrm{foot}} + mla_{\mathrm{h}} \tag{5-34}$$

其中，$I\ddot{\theta}_{\mathrm{foot}}$ 为科里奥利力项；$mgl\theta_{\mathrm{foot}}$ 为重力项，mla_{h} 为车载平台运动对双足机器人直立平衡状态的外力干扰作用项。

忽略外力干扰作用项 mla_{h}，得到双足机器人踝关节的动态作用力矩 τ_r，可表示为

$$\tau_r = I\ddot{\theta}_{\mathrm{foot}} - mgl\theta_{\mathrm{foot}} \tag{5-35}$$

5.4 踝关节期望作用力矩获取

本章将双足机器人踝关节简化为参数时变的二阶阻抗模型，获取双足机器人直立平衡过程中踝关节的抗扰力矩 τ_{e}；利用双足机器人逆动力学模型，获取踝关节动态作用力矩 τ_r，与踝关节抗扰力矩 τ_{e} 共同构成踝关节的期望作用力矩 τ_q：

$$\tau_{\mathrm{q}} = \tau_{\mathrm{e}} + \tau_r \tag{5-36}$$

根据式（5–6）和式（5–35），可将式（5–36）重新表示为

$$\tau_{\mathrm{q}} = (K - mgl)\theta_{\mathrm{foot}} + B\dot{\theta}_{\mathrm{foot}} + (M + I)\ddot{\theta}_{\mathrm{foot}} + K\theta_{\mathrm{ref}} \tag{5-37}$$

式（5–37）称为双足机器人踝关节期望作用力矩的获取方程式。

5.5　基于阻抗模型的车载双足机器人直立平衡仿生控制仿真

为了验证基于时变参数阻抗模型的直立平衡仿生控制方法的有效性，利用车载双足机器人直立平衡仿真平台（见 3.6 节），完成车载双足机器人的直立平衡控制仿真试验。

本书设计了两组对比仿真试验，在第一组试验中阻抗模型参数固定，称之为固定参数的阻抗模型直立平衡仿生控制仿真。在这个仿真试验中，阻抗模型参数通过最优二次型计算得到 [式（5–18）]。在第二组中阻抗参数时变称为时变参数的阻抗模型直立平衡仿生控制仿真。在这个仿真实验中，阻抗模型参数通过阻抗参数计算方法得到 [式（5–23）和式（5–24）]。

为了便于进行对比验证，两组仿真试验选用具有相同物理属性的双足机器人模型（见 3.6 节），并且试验过程车载平台运动过程相同。两组仿真试验的试验条件如表 5–1 所示。

表5–1　两组仿真试验的试验条件

试验名称	车载平台加速度 / (m/s^2)	双足机器人模型物理属性	虚拟肌肉激活模型增益参数	阻抗模型参数计算方法
固定参数的阻抗模型直立平衡仿生控制仿真	1.0	表 3–1	—	式（5–18）
时变参数的阻抗模型直立平衡仿生控制仿真	1.0	表 3–1	表 3–3	式（5–23） 式（5–24）

5.5.1 固定参数的阻抗模型直立平衡仿生控制仿真

采用最优二次型调节器估算踝关节阻抗模型的阻抗参数，并完成车载双足机器人的直立平衡控制仿真。根据式（5–18）和双足机器人物理属性参数，可得阻抗参数为：刚度$K = 30$ N/m，阻尼$B = 3.83$ N · s/m。

采用表 5–1 所示的试验条件，仿真得到车载平台在静止、加速和均速的运动过程中双足机器人的摆动角度 θ_s 和踝关节期望作用力矩 τ_q。

固定阻抗参数试验过程试验数据如图 5–10 所示。

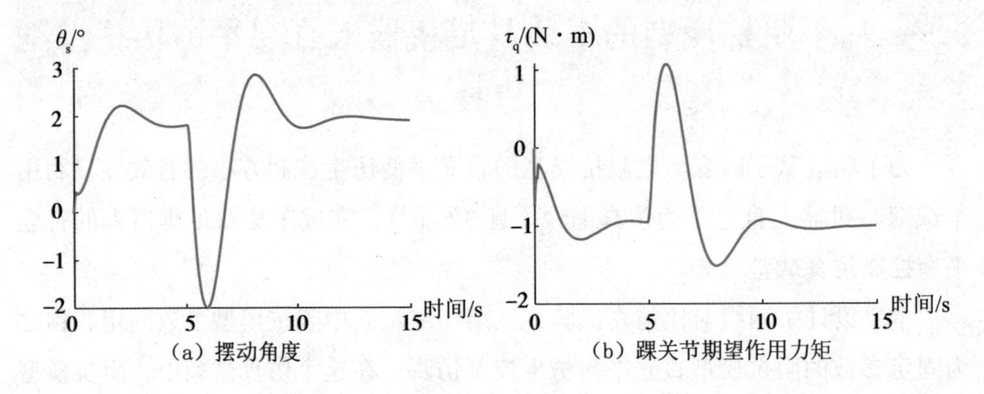

图 5–10　固定阻抗参数试验过程试验数据

从图 5–10 可以得出以下结论：

（1）在 0~5 s 内，车载平台保持静止，双足机器人没有外界直立平衡干扰。通过踝关节的调节作用，双足机器人能够很快达到直立平衡状态。双足机器人直立平衡的稳定状态稍微向前倾，摆动角度约为 2°，具有与人体直立平衡相同的特性。这是因为机器人踝关节位于脚面的后部，躯干前倾 2° 能使机器人 CoM 的地面投影位于脚底平面中心附近，这使得双足机器人具有更好的直立平衡抗扰能力。

（2）在 5 s 时刻，车载平台施加 1.0 m/s² 的加速度，使其速度达到 0.3 m/s 后匀速前进。在车载平台加速运动过程中，车载平台对双足机器人产生直立平衡干扰，打破了其直立平衡状态。直立平衡过程中，双足机器人先向后摆动到约 −2° 的位置，然后开始向前摆动到达约 2.8° 附近位置，最终恢复到原始平衡位置约 2°。直立平衡过程中，踝关节期望作用力矩 τ_q 也表现出先增大后减小的趋势，最大期望作用力矩为 1.2 N · m，最终稳定的踝关节作用力矩为 −1 N · m。

（3）基于固定阻抗参数的车载双足机器人直立平衡控制方法能够完成车载双足机器人的直立平衡控制任务。

5.5.2 时变参数的阻抗模型直立平衡仿生控制仿真

本节采用阻抗参数计算方法实时更新踝关节阻抗模型的参数，完成车载双足机器人时变参数的阻抗模型直立平衡仿生控制仿真。将踝关节阻抗模型的初始参数设定为：刚度 $K = 30$ N/m，阻尼 $B = 3.83$ N · s/m。

采用表 5-1 所示的试验条件，仿真得到车载平台在静止、加速和均速的运动过程中双足机器人的摆动角度 θ_s 和踝关节期望作用力矩 τ_q。

时变阻抗参数试验过程试验数据如图 5-11 所示。

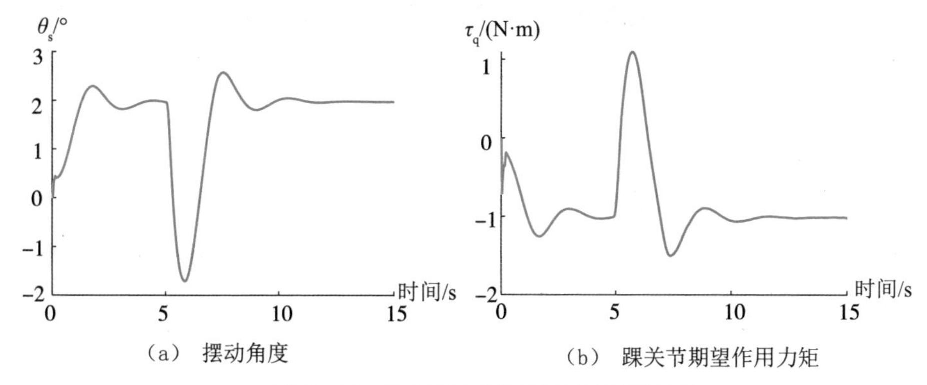

（a）摆动角度　　（b）踝关节期望作用力矩

图 5-11　时变阻抗参数试验过程试验数据

从图 5-11 可以得出结论：双足机器人的摆动角度 θ_s 和踝关节作用力矩 τ_q 的变化与固定阻抗参数下的双足机器人直立平衡控制躯干摆动角度 θ_s 和踝关节期望作用力矩 τ_q 的变化过程类似，所不同的是，机器人躯干的最大摆动角度位置为 −1.8°，踝关节最大作用力矩为 1.1 N · m 左右。

车载双足机器人直立过程中，其直立平衡状态不同，踝关节阻抗模型具有不同的阻抗参数。目标刚度和目标阻尼的变化曲线如图 5-12 所示。

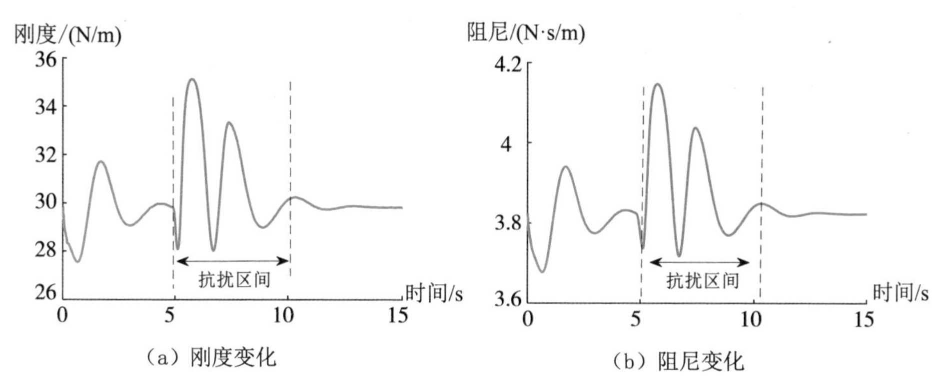

（a）刚度变化　　（b）阻尼变化

图 5-12　目标刚度和目标阻尼的变化曲线

从图 5-12 可以得出以下结论：

（1）0~5 s 为系统的初始化阶段，车载平台静止，双足机器人调节到直立平衡位置，此时踝关节目标刚度虽有波动但变化不大。

（2）从 5 s 时刻开始，在车载平台的加速干扰下，双足机器人进入抗扰区间，快速向后倾斜，此时踝关节阻抗模型的目标刚度也相应地迅速增大，然后减小，其间有反复的震荡变化。

（3）在双足机器人完成直立平衡控制任务后，踝关节阻抗模型的目标刚度变化恢复平和。

5.5.3 仿真结果对比分析

将 5.5.1 小节和 5.5.2 小节仿真结果进行比较，分析时变阻参数阻抗模型提高车载双足机器人直立平衡控制效果。双足机器人摆动角度和踝关节期望作用力矩的变化曲线分别如图 5–13 和图 5–14 所示。

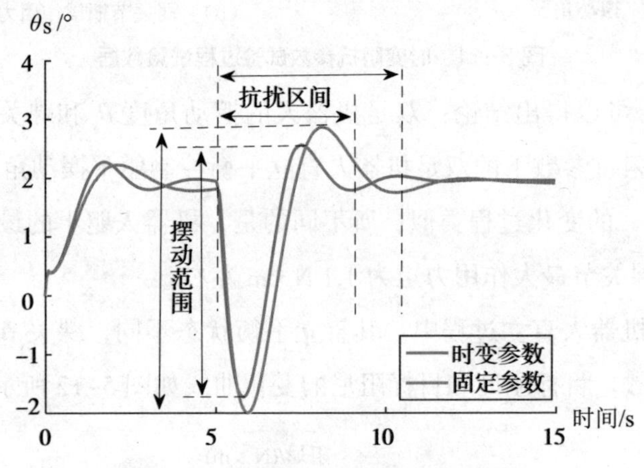

图 5–13　双足机器人摆动角度变化曲线

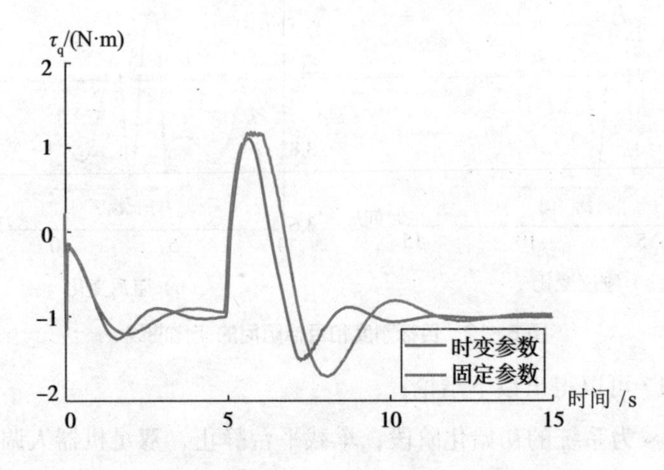

图 5–14　双足机器人踝关节期望作用力矩变化曲线

从图 5-13 和图 5-14 可以得出以下结论：

（1）基于时变阻参数阻抗模型直立平衡控制的抗扰周期 T_c 为 4.0 s，摆动范围 θ_r 为 4.3°　。

（2）基于固定参数阻抗模型直立平衡控制的抗扰周期 T_c 为 5.3 s，摆动范围 θ_r 为 4.8°　。

（3）两组试验的踝关节期望作用力矩峰值比较接近。

基于时变参数阻抗模型的直立平衡仿生控制方法具有较好的直立平衡控制效果，其主要原因可以归纳为：时变参数阻抗模型的试验过程中，在双足机器人受到车载平台干扰向后倾斜的过程中，踝关节阻抗模型目标刚度迅速增大。其结果表现为：在双足机器人倾斜角度较小的情况下，踝关节依然能够提供足够的抗扰力矩。在双足机器人向前倾斜恢复到直立平衡位置的过程中，踝关节的阻抗模型目标刚度迅速减小，使得踝关节提供的力矩减小，因而双足机器人恢复过程中偏离平衡位置较小，保证了双足机器人在较小的时间内完成直立平衡控制任务。这种阻抗参数时变调节机制提高了双足机器人的直立平衡性能。

5.6　本章小结

为了直立平衡仿生控制方法的工程实现，本章针对直立平衡仿生控制方法中肌肉力学模型结构复杂，包含许多不易观测变量的问题，研究并提出了基于时变参数阻抗模型的直立平衡仿生控制方法，估计车载双足机器人直立平衡控制过程中踝关节期望作用力矩，完成车载双足机器人直立平衡控制任务。

本章的主要工作及研究结果如下：

（1）分析了时变参数阻抗模型的直立平衡仿生控制方法原理，具体为，首先，根据车载平台运动信息和双足机器人踝关节角度信号，通过构建踝关节阻抗模型，计算得到当前状态下双足机器人的踝关节抗扰力矩；其次，构建车载双足机器人倒立摆模型，计算踝关节动态作用力矩；最后，将踝关节抗扰力矩和踝关节动态作用力矩通过加权求和，计算得到踝关节期望作用力矩。

（2）构建了踝关节时变参数阻抗模型，获取踝关节抗扰力矩。在时变阻抗参数计算的过程中，首先利用最优二次型估计踝关节阻抗模型的固有刚度值；

然后利用虚拟肌肉激活量，实时更新踝关节阻抗模型参数。

（3）构建了车载双足机器人倒立摆模型，计算踝关节动态作用力矩。在二维坐标系下，通过计算双足机器人动能和势能，根据拉格朗日方程，获得车载双足机器人倒立摆动力学模型，根据双足机器人摆动角度计算踝关节动态作用力矩。通过对踝关节抗扰力矩与踝关节动态作用力矩加权计算得到踝关节期望作用力矩。

（4）基于构建的车载双足机器人直立平衡控制仿真试验平台，完成了固定参数的阻抗模型和时变参数的阻抗模型双足机器人直立平衡对比仿真控制试验。在车载平台 1.0 m/s^2 的加速干扰下，时变参数阻抗模型直立平衡控制的抗扰周期为 4.0 s，摆动范围为 4.3°，固定参数阻抗模型直立平衡控制的抗扰周期为 5.3 s，摆动范围为 4.8°。试验结果表明，时变参数阻抗模型提高了双足机器人的直立平衡性能。

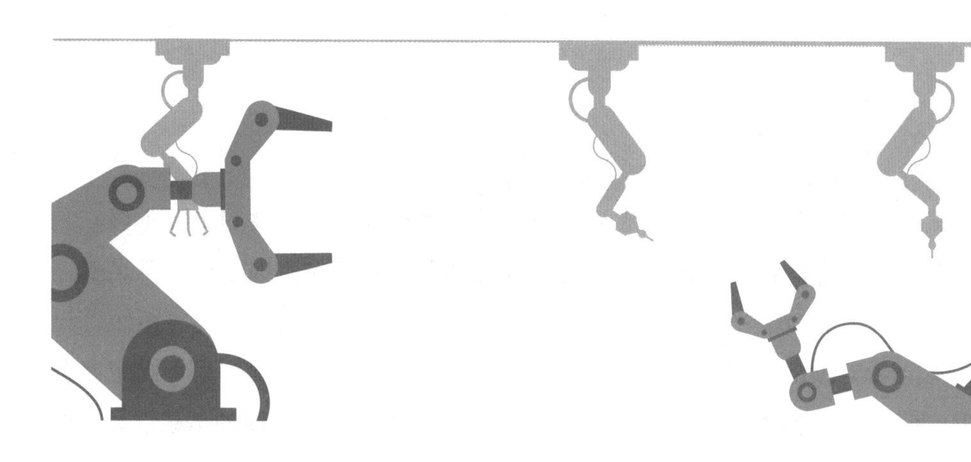

第 6 章　车载双足机器人直立平衡控制试验

试验研究是验证本书研究成果的科学性、可行性和合理性的主要手段，是对前期研究成果的进一步改进、完善和优化的关键。首先，构建车载双足机器人直立平衡控制试验平台，提出试验方案；然后，完成踝关节驱动力矩跟踪试验，验证力矩跟踪精度；最后，完成基于踝关节肌肉驱动机制、基于固定参数的阻抗模型、基于时变参数的阻抗模型和基于神经网络学习等四种车载双足机器人直立平衡控制方法试验，通过对比分析验证直立平衡仿生控制方法的有效性。

6.1 车载双足机器人直立平衡控制试验平台

6.1.1 试验平台组成

双足机器人样机结构设计主要由直流伺服电机、传动装置、传感器、肢体支撑结构等组成。

1. 直流伺服电机

本书选用直流伺服电机为双足机器人提供踝关节驱动力矩。经调研，选用 Maxon 公司的 RE40 直流伺服电机以及其配套驱动器，该款直流伺服电机额定电压为 24 V、空载转速为 7 580 rpm，最大功率为 150 W、转矩常数为 30.2 mN · m/A、转动惯量为 138 g · cm^2，额定转矩为 170 mN · m。

2. 传动装置

传动装置用于实现运动方式的转换和力矩的放大及传递。为了提供双足机器人直立平衡过程中踝关节所需要的较大作用力矩，设计二级同步轮传动系统作为传动装置，将电机的输出力矩放大后传递到双足机器人踝关节，并驱动其完成直立平衡控制。同步轮间的齿数比决定了传动减速比和力矩放大倍数，本设计采用二级 1 ∶ 5 的同步传动，形成 1 ∶ 25 的传动减速比和力矩放大。

3. 传感器

本书选取安装传感器来获取双足机器人倾斜角度和车载平台运动信息。双足机器人站在车载平台上，不发生相对移动，可在双足机器人脚板平面处安装惯性传感器，测量车载平台的运动数据（选用荷兰 Xsense 公司生产的 MTi-100 系列惯性测量传感器）在踝关节处安装角位移传感器，测量倾斜角度（选用 12 位绝对值编码器作为角度位移传感器，其机械量程为 360 deg，精度为 1/4096FS，外径为 38 mm）；在驱动电机上安装编码器，测量电机转速（选用 NEMICON 公司的 OVW2-36-2MD 增量型旋转编码器）。

4. 肢体支撑结构

为了降低机械设计复杂度，设计的双足机器人样机仅存在踝关节自由度；为了减轻整机质量，小腿、大腿和躯干支架等零部件均选用铝合金材料；为保证关节轴刚度，选用 45 号钢作为踝关节连接轴，将驱动电机安装与小腿内。

利用 SolidWorks 设计双足机器机械结构图，并完成加工安装。

双足机器人样机如图 6-1 所示。

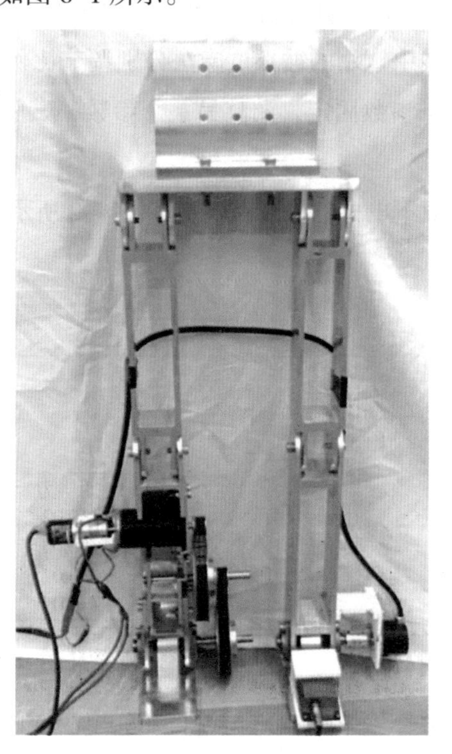

图 6-1 双足机器人样机

为了使得双足机器人样机具有代表性，其机械设计参数与正常成年男子成比例。双足机器人样机平台物理属性如表 6-1 所示。

表6-1 双足机器人样机平台物理属性

物理属性	足	小腿	大腿	臀部	躯干	驱动装置	整体
质量 /kg	0.5	0.8	0.9	0.6	1.0	1.1	4.9
质心位置 /m	0.02	0.23	0.45	0.5	0.6	0.25	0.40

6.1.2 踝关节力矩控制环

踝关节力矩控制环采用电机电流控制与传动装置摩擦补偿相结合的方式，驱动电机为踝关节提供期望作用力矩。

1. 电机电流控制

电机电流估计作为一种低成本的传统力矩估计方式，在机器人关节力矩驱动方面得到了广泛应用。本书采用基于霍尔传感器的电流信号检测方法，设计电机电流 PI 控制环。

PI 控制参数的选取对电机电流控制效果至关重要，为了选取合适的 PI 控制参数，采用工程实践中常用的循环试凑法分别调节比例系数 P 和积分系数 I。在试验过程中，将一个参数固定，调整另一个参数，试验获取电机电流阶跃响应试验结果。

P=0.05 时不同 I 值下电机电流阶跃响应如图 6-2 所示。

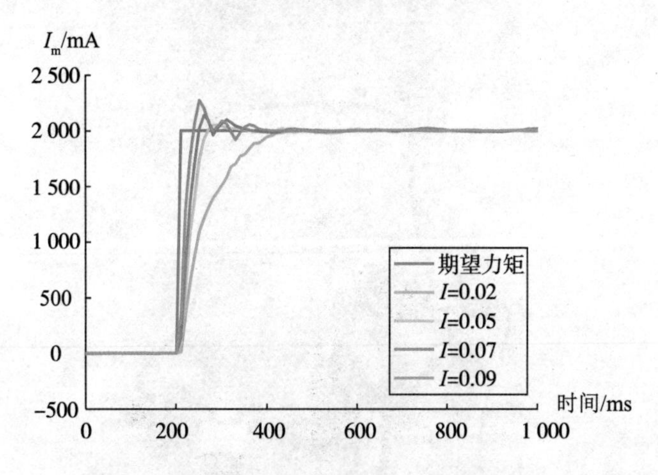

图 6-2 P=0.05 时不同 I 值下电机电流阶跃响应

试验结果显示，在 P 值固定的情况下，增加 I 值阶跃响应上升时间变短但超调量增大，较为合适的 I 值为 0.04。

当 I 值为 0.04 时，不同 P 值下电机电流阶跃响应如图 6-3 所示。

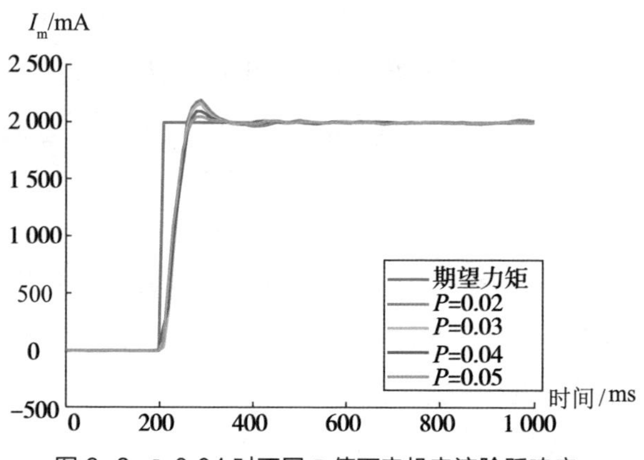

图 6-3　I=0.04 时不同 P 值下电机电流阶跃响应

试验结果显示，在 I 值固定的情况下，增加 P 值阶跃响应上升时间变化不大，但超调量增大，较为合适的 P 值为 0.05。

基于以上试验，电机电流控制环的 PI 参数为 P=0.05，I=0.04。

2. 传动装置摩擦评估

直流电机输出力矩通过传动装置给予双足机器人踝关节，以提供踝关节期望的作用力矩，同时传动装置设计有一定的减速比用于实现电机输出力矩的放大。传动装置在作用过程中具有摩擦损耗，主要包括库伦摩擦（常数项）、黏滞摩擦（速度的一次项）和非线性摩擦（速度的高次项）等。其中，库伦摩擦是传动装置摩擦损耗的主要表现形式。为了实现力矩控制的摩擦补偿，本节对传动装置的库伦摩擦进行评估。

传动装置摩擦评估试验平台如图 6-4 所示。

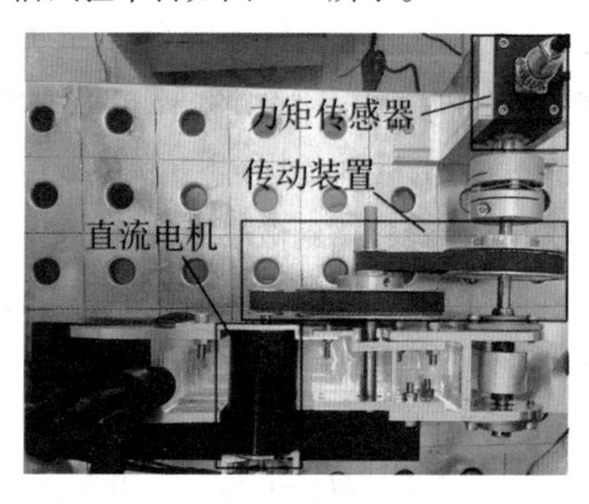

图 6-4　传动装置摩擦评估试验平台

库伦摩擦属于静摩擦力，发生在两个将要相对运动部件的接触面上。因此，在传动装置输出端安装力矩传感器并将其固定，使得传动装置不发生运动，此时电机输出力矩与传动装置输出端力矩存在以下关系：

$$\tau_c=\begin{cases}N\tau_m-\tau_{f+}, N\tau_m>\tau_{f+}\\ 0,\ \tau_{f-}\leqslant N\tau_m\leqslant\tau_{f+}\\ N\tau_m-\tau_{f-}, N\tau_m<\tau_{f-}\end{cases} \tag{6-1}$$

其中，τ_c 为传动装置输出端力矩；τ_m 为电机输出力矩；τ_{f+} 为传动装置顺时针库伦摩擦力矩；τ_{f-} 为传动装置逆时针库伦摩擦力矩；N 为传动装置减速比。电机输出力矩与电机电流成正比例关系：

$$\tau_m=k_c I_m \tag{6-2}$$

其中，k_c为电机力矩系数；I_m为电机电流。

通过 5 次试验数据来精确评估传动装置摩擦损耗，进行数据拟合，得出电机电流—传动装置输出力矩关系。

电机电流—传动装置输出力矩关系曲线如图 6-5 所示。

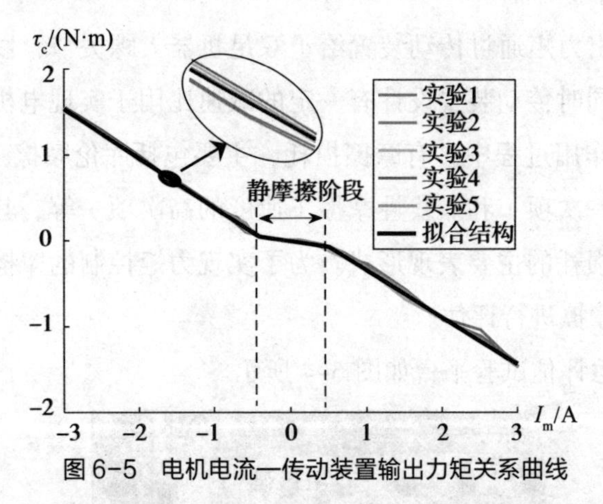

图 6-5　电机电流—传动装置输出力矩关系曲线

图 6-5 中，静摩擦阶段，电机输出力矩不足以克服传动装置库伦摩擦，传动装置不输出力矩，力矩传感器检测到微小的输出力矩。这是由黏滞摩擦项、非线性摩擦项和力矩传感器输出飘移共同产生的结果，可以忽略此阶段的微小输出力矩，此时传动装置输出力矩置为 0 N · m。基于此，拟合得到的电机电流 – 传动装置输出力矩关系为

$$\tau_c=\begin{cases}-0.56(I_m-0.5),\ I_m>0.5\\ 0,\ -0.4\leqslant I_m\leqslant 0.5\\ -0.56(I_m+0.4),\ I_m<-0.4\end{cases} \tag{6-3}$$

本书采用方差占比（VAF）（见 2.8.4 小节）评估拟合曲线与试验结果曲线的符合程度。从试验 1 到试验 5，拟合曲线的方差占比分别为 98.3%、96.5%、96.7%、98.2% 和 98.4%。结果显示，拟合得到电机电流—传动装置输出力矩曲线具有很高的可靠性。将式（6–2）代入式（6–1），同时比照式（6–3）可得到 τ_{f+}=0.28 N·m，τ_{f-}=−0.224 N·m。

6.1.3 双足机器人控制系统

本书采用 STM32F407 作为主控芯片，配合电源、信号接口等外围电路完成控制系统的硬件设计；采用模块化设计方法完控制系统软件设计，包括用户界面模块、信息采集模块、期望力矩获取模块和电机电流控制模块。

软件控制系统框架如图 6–6 所示。

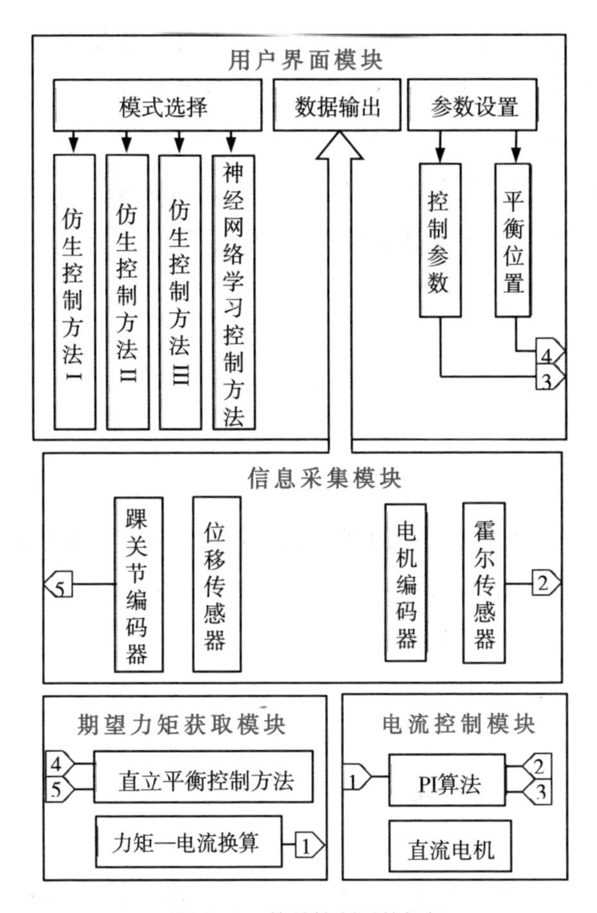

图 6–6　软件控制系统框架

1. 用户界面模块

用户界面模块用于控制方法模式的选择、控制过程数据输出和控制参数设置，同时协调各模块间的工作关系，完成控制目标。在模式选择部分，仿生控制方法Ⅰ，Ⅱ，Ⅲ分别表示基于踝关节肌肉驱动机制、基于固定参数阻抗模型、基于时变参数阻抗模型等的直立平衡仿生控制方法。

2. 信号采集模块

信号采集模块分两路工作：一路用于采集踝关节角度和车载平台的运动数据等信号，通过仿生控制方法获取踝关节期望力矩；另一路采集电机转速信号和霍尔传感器信号，用于电机的电流控制。为避免噪声干扰，需要对采集到的数值信号进行数字滤波处理，以提高采样精度。

3. 期望力矩获取模块

期望力矩获取模块是仿生控制方法的实现部分，根据踝关节角度信息和车载平台的运动信息，通过计算实时给出踝关节期望作用力矩。

4. 电流控制模块

踝关节期望作用力矩信号作为电流控制模块的输入信号，实时采集的电机转速信息和霍尔传感器的电流作为反馈信号，采用电机电流的闭环控制，驱动电机为踝关节提供期望的作用力矩。

6.2 试验方案

为了验证本书理论研究的成果，利用车载双足机器人直立平衡控制试验平台，在完成踝关节力矩跟踪试验的基础上，完成三种直立平衡仿生控制和基于神经网络学习的直立平衡控制试验，其具体方案如下。

1. 踝关节驱动力矩跟踪试验方案

首先，选用电机电流 *PI* 控制加装置摩擦补偿的方式实现踝关节驱动力矩跟踪控制。*PI* 控制参数和摩擦补偿量按照 6.1.2 小节结果选取。

然后，选用幅值为 2 N · m，频率为 1 Hz 的正弦信号作为期望力矩信号，完成力矩跟踪试验。

最后，计算最大跟踪误差绝对值和跟踪精度，评价踝关节驱动力矩控制性能。

2. 基于踝关节肌肉驱动机制的直立平衡仿生控制试验方案

首先，基于第 3 章的仿真试验，设定踝关节肌肉驱动机制的直立平衡仿生控制方法中肌肉力学模型参数和虚拟肌肉激活模型增益参数。

然后，使双足机器人样机站在车载平台上，施加车载平台一个瞬间加速度，同时采集双足机器人直立平衡过程中的摆动角度、虚拟肌肉激活量以及踝关节作用力矩。

最后，进行多次试验，绘制车载平台加速度与抗扰周期和摆动范围的关系曲线，说明基于踝关节肌肉驱动机制的直立平衡仿生控制方法的控制性能。

3. 基于固定参数的阻抗模型直立平衡仿生控制试验方案

首先，基于第 5 章的仿真试验，设定踝关节阻抗模型的阻抗参数。

然后，使双足机器人样机站在车载平台上，施加车载平台一个瞬间加速度，同时采集双足机器人直立平衡过程中的摆动角度以及踝关节作用力矩。

最后，进行多次试验，绘制车载平台加速度与抗扰周期和摆动范围的关系曲线，说明基于固定参数的阻抗模型直立平衡仿生控制方法的控制性能。

4. 基于时变参数的阻抗模型直立平衡仿生控制试验方案

首先，基于第 3 章和第 5 章的仿真试验，设定踝关节阻抗模型的固有刚度和虚拟肌肉激活模型增益参数。

然后，使双足机器人样机站在车载平台上，施加车载平台一个瞬间加速度，同时采集双足机器人直立平衡过程中的摆动角度、踝关节阻抗模型目标刚度、踝关节阻抗模型目标阻尼以及踝关节作用力矩。

最后，进行多次试验，绘制车载平台加速度与抗扰周期和摆动范围的关系曲线，说明基于时变参数的阻抗模型直立平衡仿生控制方法的控制性能。

5. 基于神经网络学习的直立平衡控制试验方案

首先，利用基于仿生控制方法的直立平衡控制试验采集的摆动角度与踝关节期望力矩等数据，训练神经网络模型，得到双足机器人摆动角度与踝关节期望作用力矩的神经网络模型。

然后，使双足机器人样机站在车载平台上，施加车载平台一个瞬间加速度，同时采集双足机器人直立平衡过程中的踝关节角度和踝关节作用力矩等试验数据。

最后，进行多次试验，绘制车载平台加速度与抗扰周期和摆动范围的关系曲线，说明基于神经网络学习的直立平衡仿生控制方法的控制性能。

6.3 踝关节驱动力矩跟踪试验

为了验证力矩控制环的实际控制效果，在搭建的如图 6–4 所示的试验平台上进行力矩跟踪试验。采用幅值为 2Nm，频率为 1Hz 的正弦信号作为期望力矩信号。力矩跟踪试验结果如图 6–7 所示。

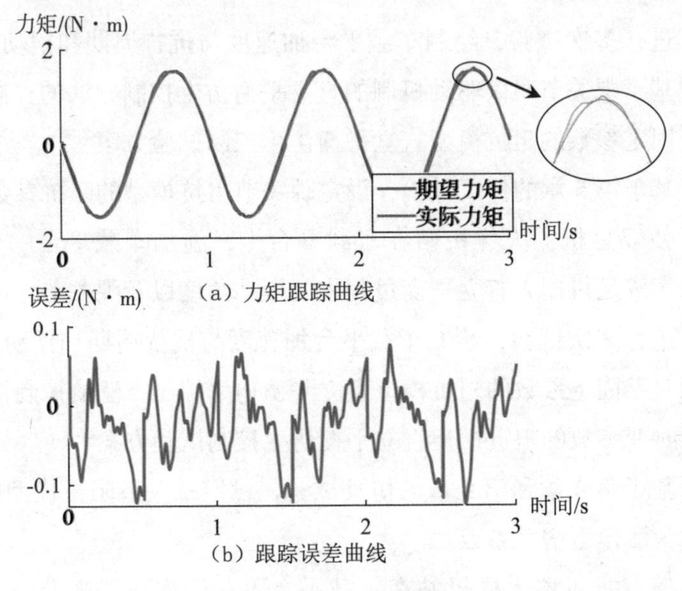

图 6–7 力矩跟踪试验结果

图 6–7（a）为期望力矩与实际作用力矩的跟踪对比曲线，图 6–7（b）为力矩跟踪误差曲线，最大跟踪误差绝对值为 0.12 N · m。为了更充分地描述力矩跟踪效果，采用方差占比（VAF）（见 2.8.4 小节）衡量力矩跟踪符合度，根据 VAF 定义可计算得出力矩跟踪结果的符合度为 98.7%。试验结果表明，转动装置输出作用力矩可以很好地跟踪期望力矩轨迹。

6.4 基于踝关节肌肉驱动机制的直立平衡仿生控制试验

本节进行基于踝关节肌肉驱动机制的直立平衡控制试验。在该试验中，双足机器人样机站在车载平台上，试验者手推车载平台施加一个瞬间加速度，然后其减速静止。

为了保证试验过程的一致性，试验者尽可能地保持每次施加于车载平台的运动一致，但是由于存在试验者的主观意愿和其他因素，不可能保证每次试验车载运动过程完全相同。因此，在评估双足机器人直立平衡控制性能时，车载平台运动状态也需考虑在内。

单次试验过程车载平台运动状态如图 6-8 所示。

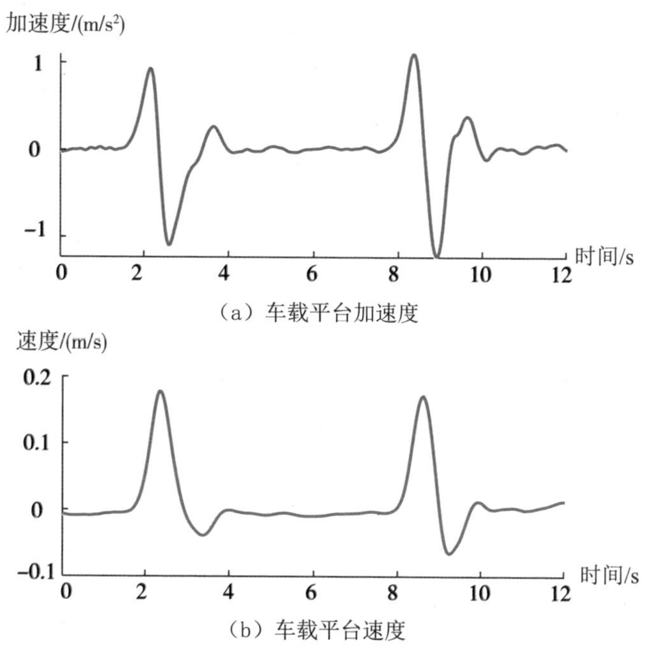

（a）车载平台加速度

（b）车载平台速度

图 6-8　单次试验过程车载平台运动状态

基于踝关节肌肉驱动机制的直立平衡仿生控制方法中，踝关节力矩主要由两个肌肉力学模型提供（PFM 力学模型和 DFM 肌肉力学模型）采用如表 6-2 所示的肌肉力学模型参数。

表6-2　肌肉力学模型参数

参数描述	PFM 肌肉力学模型	DFM 肌肉力学模型
最大作用力 F_{max}/N	300	400
肌纤维最大收缩速度 v_{max}/(cm/s)	24	28
肌纤维静息长度 l_{opt} /cm	6	4
肌肉静态肌腱长度 l_s /cm	24	26
肌肉作用力矩 r_0 /cm	3	4
比例因子ρ	0.5	0.7

肌肉力学模型作用依赖于虚拟肌肉激活量和肌肉状态（肌纤维长度和肌纤维收缩速度），根据虚拟肌肉激活模型的研究可知，肌肉激活过程涉及多个增益参数，如踝关节摆动角度 G_l 及其一阶导数项的增益参数 G_v，以及车载平台速度与加速度的增益参数 k_p 与 k_d。

本试验采用的虚拟肌肉激活模型增益参数如表 6-3 所示。

表6-3　虚拟肌肉激活模型增益参数

参数	PFM 激活模型	DFM 激活模型
G_l	3.17	4.25
G_v	0.12	0.18
k_p	0.15	0.12
k_d	0.08	0.06

试验过程中，车载平台的瞬间加速度打破了双足机器人的直立平衡状态，仿生控制方法根据实时获取的双足机器人踝关节角度信息和车载平台运动信息，计算踝关节期望作用力矩 τ_{q}，而踝关节力矩控制环通过跟踪踝关节期望作用力矩调节双足机器人的运动状态，控制双足机器人恢复到直立平衡位置。该试验通过摄像机记录双足机器人的直立平衡控制过程。

车载双足机器人直立平衡过程如图 6-9 所示，从左到右显示了双足机器人向后倾斜到向前倾斜最后恢复到平衡位置的过程。

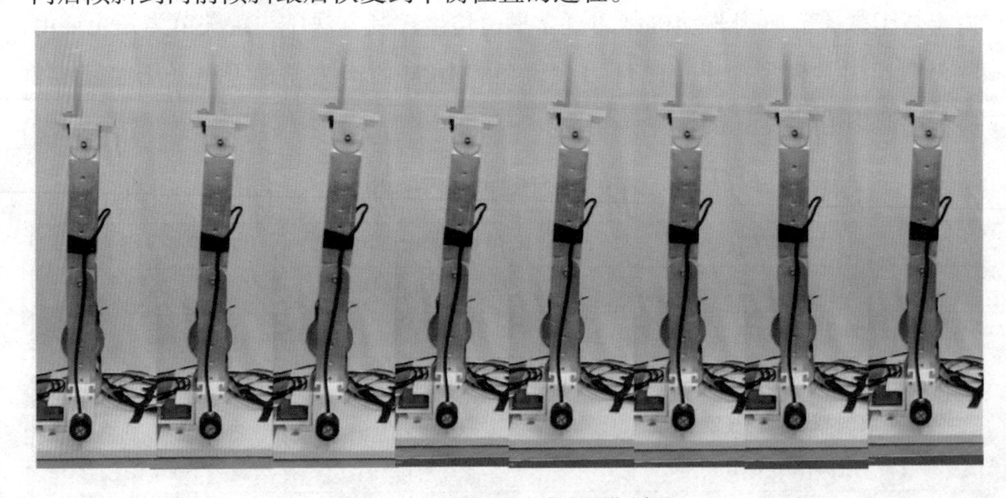

图 6-9　双足机器人直立平衡过程

基于踝关节肌肉驱动机制的直立平衡仿生控制试验结果如图 6–10 所示，展示了试验过程中双足机器人的两个平衡过程中，摆动角度 θ_s、踝关节作用力矩 τ_a、PFM 激活量 a_1 和 DFM 激活量 a_2 的详细变化过程。

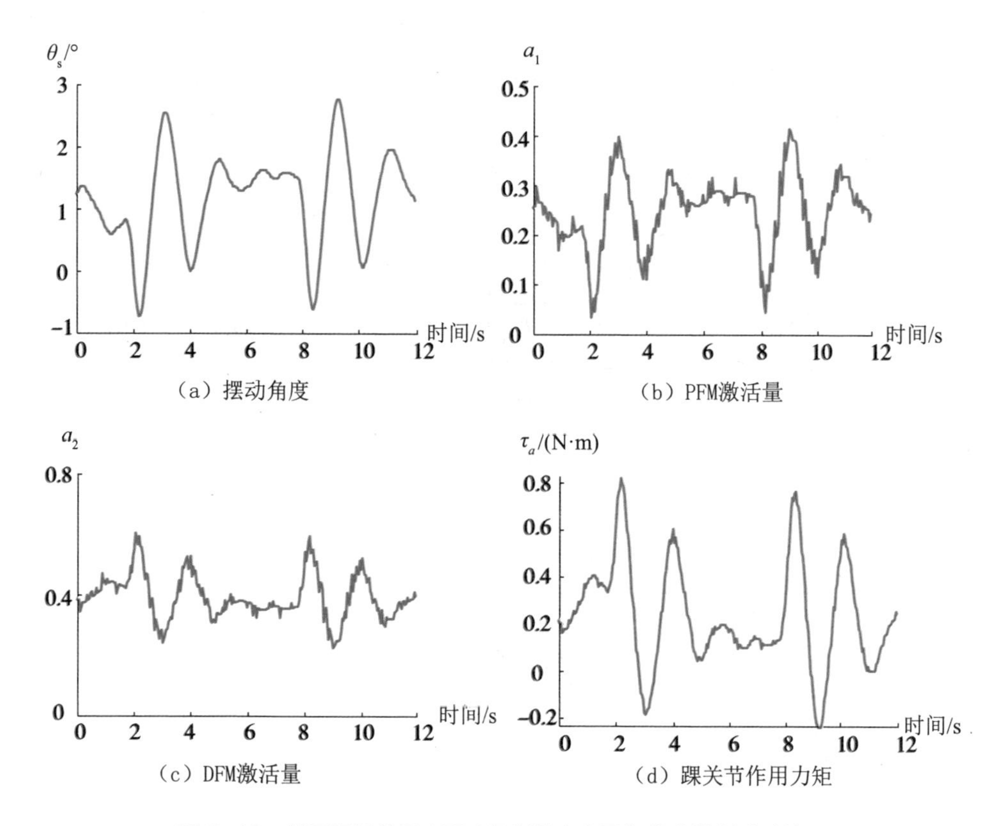

图 6–10　基于踝关节肌肉驱动机制的直立平衡仿生控制试验结果

从图 6–10 可以得出以下结论：

（1）在选取的两个直立平衡控制过程中，双足机器人能够达到良好的直立平衡控制效果。其抗扰周期分别为 4 s 和 4.4 s，摆动范围分别为 3.3° 和 3.4° 。

（2）双足机器人躯干的摆动带动踝关节的转动，进而使虚拟肌肉激活量发生变化[见图 6–10(b) 和图 6–10(c)]。在单个双足机器人直立平衡控制周期内，PFM 激活量 a_1 呈现出先减小后增大最终平稳的趋势，峰值为 0.41 左右，最小值为 0.05 左右；DFM 激活量 a_2 呈现出先增大后减小最终平稳的趋势，峰值为 0.6 左右，最小值为 0.25 左右。

（3）根据获取的虚拟肌肉激活量、肌肉力学模型计算得到踝关节期望作用力矩，通过踝关节力矩控制环，双足机器人踝关节的作用力矩 τ_a 如图 6-10（d）所示。最大作用力矩为 0.8 /N·m，最小作用力矩为 -0.2 /N·m。

试验过程中，试验者推动车载平台完成加速、减速到静止的运动过程，存在随机性因素，不能保证每次试验的车载平台运动过程完全一致。然而车载平台的加速度作为双足机器人直立平衡的最大干扰源，不能忽视其对双足机器人直立平衡控制性能的影响。为了探究车载平台加速度对双足机器人直立平衡控制效果的影响，本书统计了多次试验过程中车载平台最大加速度与双足机器人直立平衡过程的抗扰周期 T_c 和摆动范围 θ_r 间关系。

车载平台加速度与双足机器人抗扰周期和摆动角度关系如图 6-11 所示。

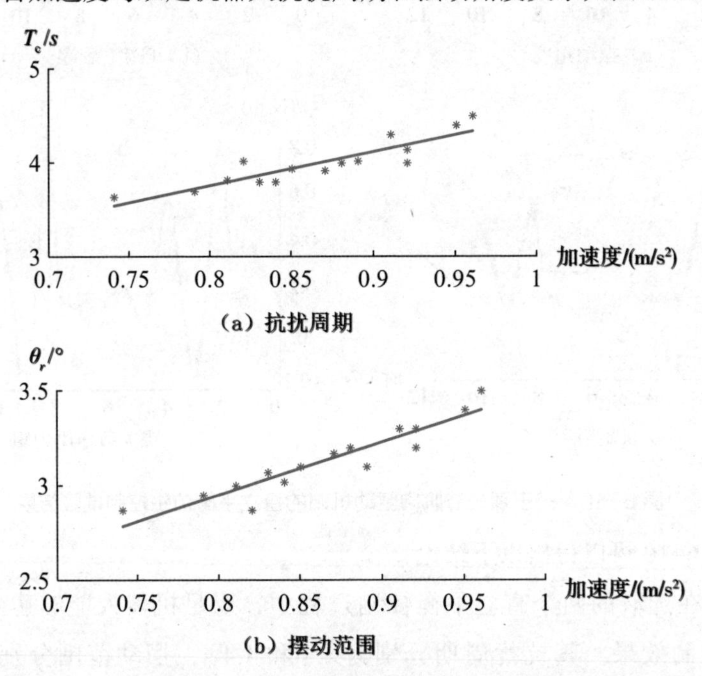

图 6-11　车载平台加速度与双足机器人抗扰周期和摆动角度关系

图 6-11 中，“*”点表示实际试验过程中记录的数据，直线表示记录数据的线性拟合结果。由图 6-11 可以得出以下结论：

（1）车载平台加速度为 0.74~0.96 m/s² 时，抗扰周期 T_c 的取值区间为 3.6~4.4 s，摆动范围 θ_r 的取值区间为 2.8°~3.5°，与仿真试验结果一致（见 3.7 节）。

（2）随着车载平台加速度的增大，双足机器人抗扰周期 T_c 和摆动范围 θ_r 同时增大。可以预见，如果车载平台加速度不断加大，则抗扰周期 T_c 和摆动范围 θ_r 也将随之增大，最终双足机器人将不能完成直立平衡控制任务。这也证明了双足机器人的踝关节抗扰策略仅适用于较小车载平台加速度的平衡干扰，当干扰过大时，需要“髋关节”和“跨步”策略的配合。

6.5　基于固定参数的阻抗模型直立平衡仿生控制试验

本节利用基于固定参数的阻抗模型直立平衡仿生控制方法，完成车载双足机器人直立抗扰平衡控制试验。选取的阻抗模型参数为：惯量 M=0.14 kg · m^2，阻尼 B=1.22 N · s/m，刚度 K=24 N/m。

在试验过程中，以 100Hz 的频率采集双足机器人摆动角度 θ_s 和踝关节作用力矩 τ_a。基于固定参数的阻抗模型直立平衡仿生控制方法试验结果图 6–12 所示，显示了任意选取的两个抗扰过程的双足机器人摆动角度 θ_s 和踝关节作用力矩 τ_a 试验结果。

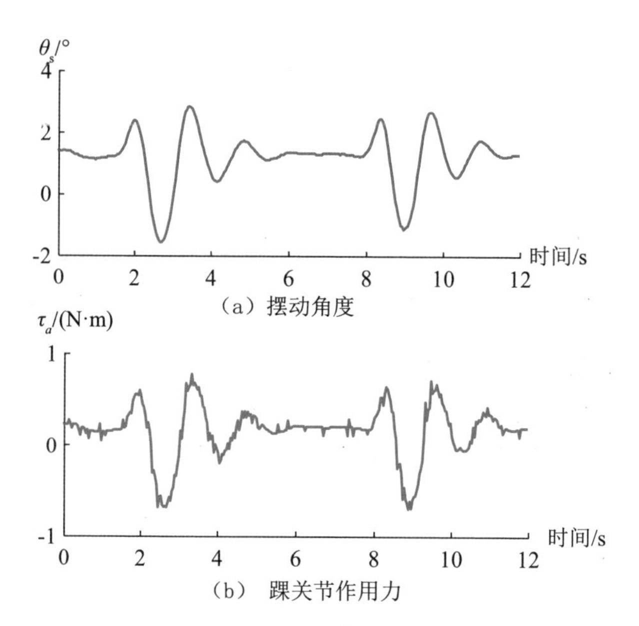

图 6–12　基于固定参数的阻抗模型直立平衡仿生控制试验结果

从图 6–12 可以得出以下结论：双足机器人踝关节最大作用力矩为 0.8 N · m，

最小作用力矩为 -0.6 N·m。所选取的两个直立平衡过程的抗扰周期 T_c 分别为 3.8 s 和 3.6 s，摆动范围 θ_r 分别为 4.35° 和 3.7° ，车载双足机器人能够达到直立抗扰平衡控制的目的。

同样，本节统计了多次试验过程中车载平台最大加速度与双足机器人直立平衡过程的抗扰周期 T_c 和摆动范围 θ_r 间的关系。车载平台加速度与双足机器人抗扰周期和摆动角度的关系如图 6-13 所示。

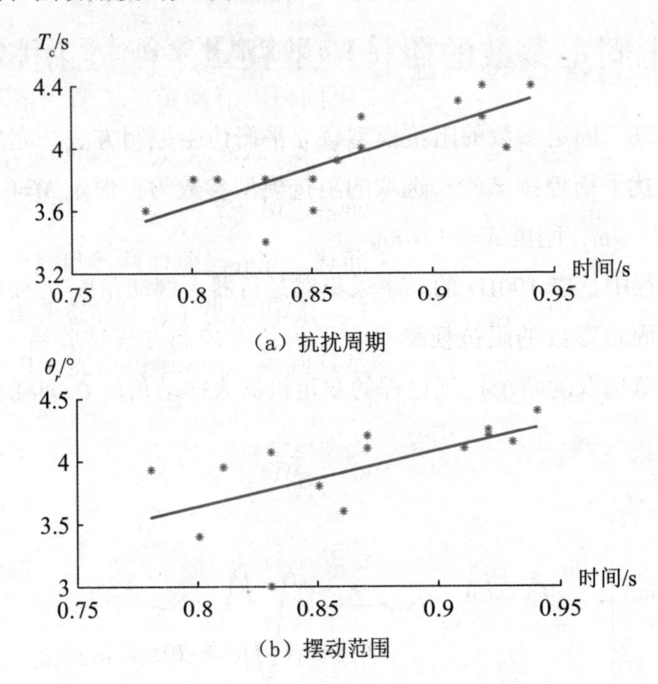

图 6-13　车载平台加速度与双足机器人抗扰周期和摆动角度的关系

图 6-13 中，“*” 点表示实际试验过程中记录的数据，直线表示记录数据的线性拟合结果。

从图 6-12 和图 6-13 可以得出以下结论：

（1）车载平台加速度为 0.74~0.95 m/s² 时，抗扰周期 T_c 的取值为 3.4~4.4 s，摆动范围 θ_r 的取值为 3.4° ~4.5° 。

（2）随着车载平台加速度的增大，双足机器人抗扰周期 T_c 和摆动范围 θ_r 同时增大。

（3）在踝关节的抗扰作用下，双足机器人最终能恢复到直立平衡状态。

6.6　基于时变参数的阻抗模型直立平衡仿生控制试验

本节利用基于时变参数的阻抗模型直立平衡仿生控制方法，完成车载双足机器人直立平衡控制试验。

在试验过程中，以 100 Hz 的频率采集双足机器人摆动角度 θ_s、踝关节作用力矩 τ_a、阻抗模型目标刚度系数和阻抗模型目标阻尼系数。

基于时变参数的阻抗模型直立平衡仿生控制的试验结果如图 6–14 所示，显示了任意选取的两个直立平衡控制过程的试验结果。

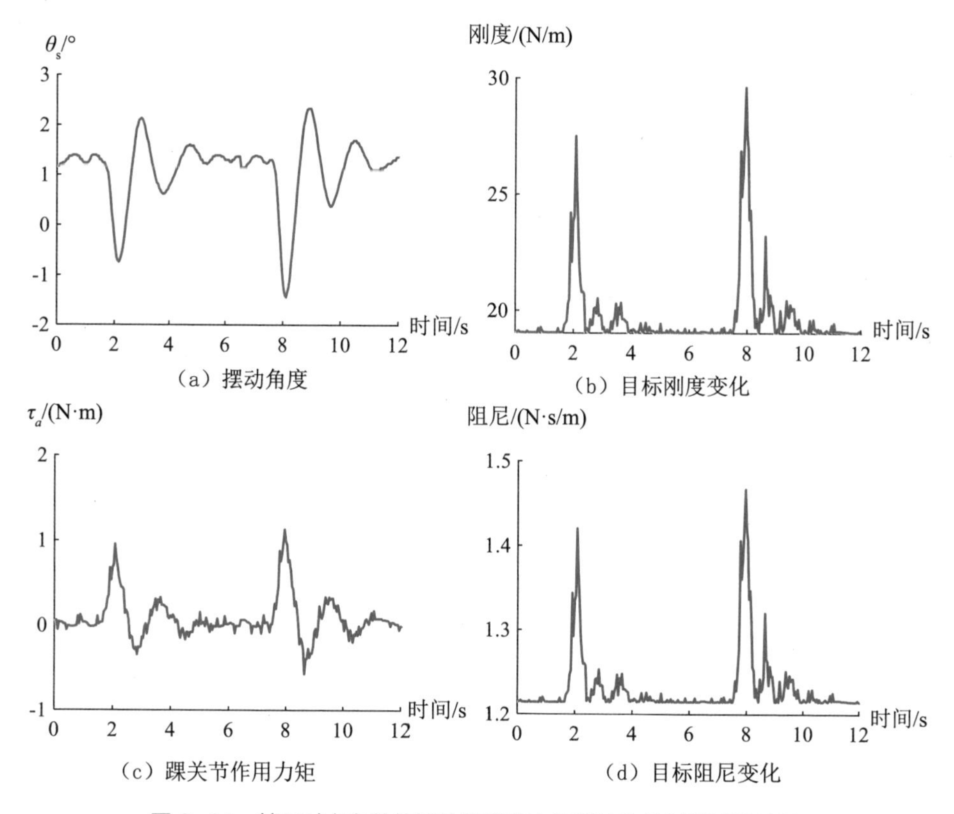

图 6–14　基于时变参数的阻抗模型直立平衡仿生控制的试验结果

从图 6–14 可以得出以下结论：

（1）在双足机器人直立平衡控制过程中，阻抗模型目标刚度和目标阻尼根据虚拟肌肉激活量的变化而自动更新，以适应双足机器人躯干摆动状态，其变化过程如图 6–14（b）和图 6–14（d）所示。

（2）根据基于时变参数阻抗模型的直立平衡仿生控制方法，实时计算踝关节期望作用力矩，经过力矩控制环后，双足机器人踝关节的作用力矩 τ_a，如图 6–14（c）所示。在试验过程中，双足机器人踝关节最大作用力矩为 1.1 N · m，最小作用力矩为 –0.5 N · m。

（3）根据本书对抗扰周期 T_c 和摆动范围 θ_r 的定义，所选取的两个直立平衡控制过程的抗扰周期 T_c 分别为：3 s 和 3.6 s，摆动范围 θ_r 分别为 2.8° 和 3.7° 。双足机器人在移动车载平台上能够很好地达到直立平衡控制目的。

本书统计了多次试验过程中车载平台最大加速度与双足机器人直立平衡过程中的抗扰周期 T_c 和摆动范围 θ_r 间的关系。车载平台加速度与双足机器人抗扰周期和摆动角度关系如图 6–15 所示。

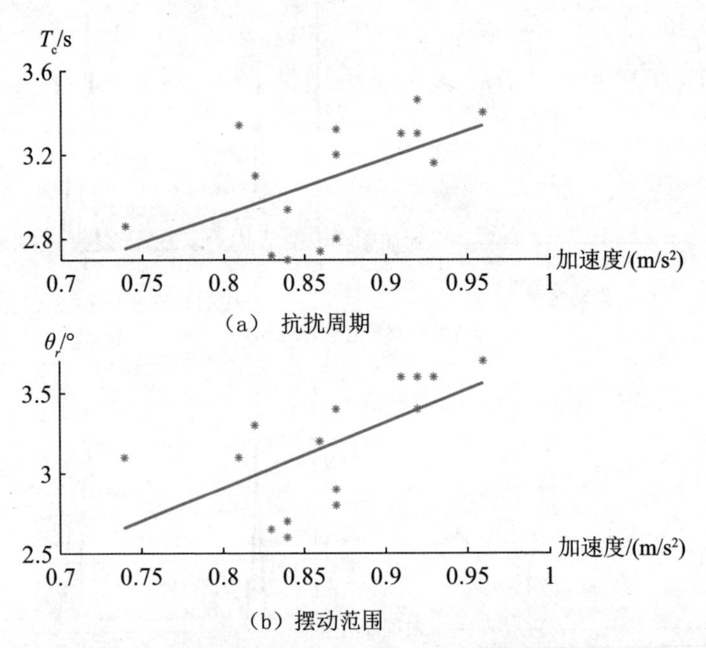

（a） 抗扰周期

（b）摆动范围

图 6–15　车载平台加速度与双足机器人抗扰周期和摆动角度关系

图 6–15 中，“*”点表示实际试验过程中记录的数据，直线表示记录数据的线性拟合结果。试验结果显示，车载平台加速度为 0.74~0.96 m/s² 时，抗扰周期 T_c 的取值区间为 2.6~3.6 s，摆动范围 θ_r 的取值区间为 2.6° ~3.6° ，并且，随着车载平台加速度的增大，双足机器人抗扰周期 T_c 和摆动范围 θ_r 同时增大。在踝关节的抗扰作用下，双足机器人最终能恢复到直立平衡状态。基于时变参数的阻抗模型控制性能优于基于固定参数的阻抗模型控制性能，与仿真试验结

果一致（见 5.5.3 小节）。

6.7　基于神经网络学习的直立平衡控制试验

由于基于零力矩点和基于动量平衡的直立平衡控制方法依赖双足机器人的脚底压力传感器实时计算零力矩点和脚底压力中心，本书设计的双足机器人样机平台不满足控制试验需求。因此本书只完成神经网络学习直立平衡控制的对比试验，比较基于神经网络学习直立平衡控制和本书提出的直立平衡仿生控制的直立平衡控制效果。

利用 6.4~6.6 节双足机器人直立平衡控制试验采集的双足机器人摆动角度与踝关节期望作用力矩数据，训练神经网络模型，得到双足机器人摆动角度与踝关节期望作用力矩的神经网络模型，完成车载双足机器人直立平衡控制试验。

车载平台加速度与双足机器人抗扰周期和摆动角度的关系如图 6–16 所示。

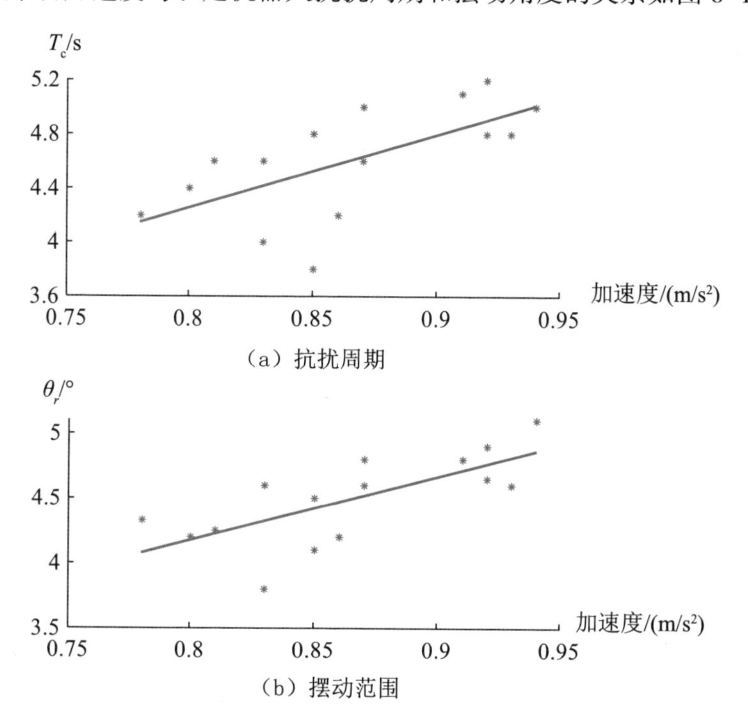

图 6–16　车载平台加速度与双足机器人抗扰周期和摆动角度关系

图 6–16 中，“*”点表示实际试验过程中记录的数据，直线表示记录数据的线性拟合结果。试验结果显示，车载平台加速度 0.74~0.95 m/s² 时，抗扰周

期 T_c 的取值区间为 3.7~5.2 s，摆动范围 θ_r 的取值区间为 3.8° ~5.2° ，并且，随着车载平台加速度的增大，双足机器人抗扰周期 T_c 和摆动范围 θ_r 同时增大。在踝关节的抗扰作用下，双足机器人最终能恢复到直立平衡状态。

6.8 试验结果对比分析

将完成的三种直立平衡仿生控制试验和基于神经网络学习的直立平衡控制试验结果进行比较。抗扰周期和摆动范围比较如表 6–4 所示。

表6–4 抗扰周期和摆动范围比较

直立平衡控制方法	加速度范围 / (m/s^2)	抗扰周期 /s	摆动范围
踝关节肌肉驱动机制	0.74 ~0.96	3.6~4.4	2.8° ~3.5°
基于固定参数的阻抗模型	0.74~0.95	3.4~4.4	3.4° ~4.5°
基于时变参数的阻抗模型	0.74~0.96	2.6~3.6	2.6° ~3.6°
基于神经网络学习	0.74~0.95	3.7~5.2	3.8° ~5.2°

从表 6–4 中的数据，可以看出：

（1）在三种直立平衡仿生控制方法和基于神经网络学习的直立平衡控制方法的作用下，随着车载平台加速度的增大，双足机器人抗扰周期和摆动角度都具有增大趋势，双足机器人最终能恢复到直立平衡状态。

（2）三种仿生控制算法直立平衡控制效果都优于基于神经网络学习的直立平衡控制方法，具体表现为基于神经网络学习的直立平衡控制试验的抗扰周期和摆动范围取值均较大，分别为 3.7~5.2 s 和 3.8° ~5.2°。其原因为：第一，神经网络模型学习过程没有足够的试验数据，限制了神经网络模型的性能；第二，神经网络学习的直立平衡控制方法鲁棒性较差，在车载平台加速度改变的情况下，很难取得较好的实际平衡控制效果。

（3）基于时变参数的阻抗模型直立平衡仿生控制方法具有最好的直立平衡控制效果，表现为：抗扰周期和摆动范围取值较小，分别为 2.6~3.6 s 和

2.6°~3.6°。时变参数阻抗模型随着双足机器人直立平衡过程的变化自动更新其阻抗参数，保证阻抗模型在整个直立平衡控制过程中最好地模拟人体踝关节的作用机制。

6.9　本章小结

为了验证提出的仿生控制方法的实际控制性能，本章进行了车载双足机器人样机平台的控制试验研究。

本章的具体研究工作可总结如下：

（1）构建了车载双足机器人直立平衡控制试验平台。包括双足机器人样机结构设计、踝关节力矩控制环设计和双足机器人控制系统软件算法的实现。

（2）采用幅值为 2 N·m 频率为 1 Hz 的正弦信号作为期望力矩信号，完成了踝关节力矩跟踪试验。试验结果表明，踝关节力矩控制环的力矩跟踪精度达到了 98.7%。

（3）提出了车载双足机器人直立平衡控制试验方案，完成了 4 种试验，并进行了直立平衡仿生控制方法和基于神经网络学习直立平衡控制方法的对比分析，验证了所提出的直立平衡仿生控制方法的控制效果。直立平衡仿生控制的抗扰周期为 3.6~4.4 s，摆动角为 2.8°~3.5°；基于固定参数的阻抗模型直立平衡仿生控制的抗扰周期为 3.4~4.4 s，摆动角为 3.4°~4.5°；基于时变参数的阻抗模型直立平衡仿生控制抗扰周期为 2.6~3.6 s，摆动角为 2.6°~3.6°；基于神经网络学习直立平衡控制抗扰周期为 3.7~5.2 s，摆动角度为 3.8°~5.2°。这表明，3 种仿生控制算法直立平衡控制效果都优于基于神经网络学习的直立平衡控制方法，均能满足车载双足机器人的直立平衡要求，且基于时变参数的阻抗模型直立平衡仿生控制方法效果最好。

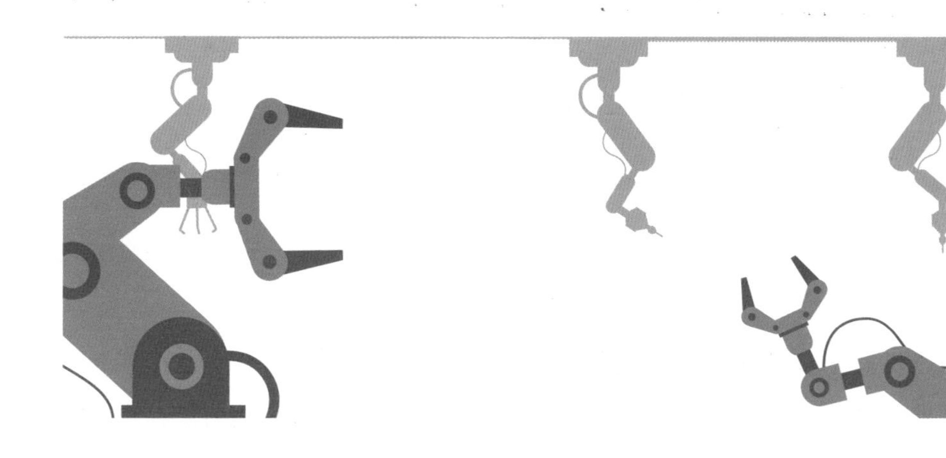

第 7 章　全书总结与展望

7.1 全书总结

双足机器人因其独特的双足特性，能够替代人类完成各种任务，在军事训练、工业制造、医疗服务及交通运输等很多领域具有广阔的应用前景。双足机器人的运动稳定性水平是决定其能否走向应用的重要因素，而直立平衡又是提高双足机器人运动稳定性的前提条件。当前，双足机器人的直立平衡研究虽然已经取得了大量研究成果，但在控制效率、鲁棒性等方面与人类相比仍存在很大的差距，具有很大的提升空间。人类经过上万年的进化，已具备完善的神经肌肉控制策略保持身体的直立平衡，为双足机器人直立平衡研究提供了最好的参照。研究人类自身的直立平衡控制机制，将其应用于双足机器人直立平衡控制，提升双足机器人实际直立平衡控制性能的仿生控制是一个处于上升期的研究方向，具有重要的现实意义。

移动车载平台对双足机器人的直立平衡控制引入了不确定干扰，对双足机器人的平衡稳定性控制有了更高的要求。因此，本书聚焦车载双足机器人直立平衡控制研究，解决车载平台加速或减速运动过程中双足机器人直立平衡控制的问题，提升双足机器人的实际抗扰性能。

本书在国家自然科学青年基金项目“仿肌肉反射的双足机器人直立抗扰策略研究”（61603284）、“直立抗扰任务下的踝关节外骨骼协作控制策略研究”（61903286）等项目的资助下，从仿生控制角度出发，采用“理论、仿真、试验”相结合的研究方法，针对人体神经控制环路复杂，很难在双足机器人仿生控制中应用、双足机器人直立平衡控制方法鲁棒性较差、自适应控制程度低等问题，对人体直立平衡踝关节肌肉分层激活模型、仿生踝关节肌肉驱动机制的直立平衡仿生控制以及直立平衡仿生控制方法的改进等进行了深入研究。

7.1.1 主要研究成果

本书所取得的成果和结论主要体现在以下几个方面：

（1）针对人体神经肌肉激活模型环路复杂且涉及模型参数繁多，很难在双足机器人仿生控制中应用的问题，进行了人体直立平衡踝关节肌肉分层激活模型的研究。

构建了人体直立平衡踝关节肌肉分层激活模型，主要由肌肉牵张反射通道、姿态补偿通道和激活分量融合单元等组成。肌肉牵张反射通道获取肌肉牵张反射激活分量，姿态补偿通道获取姿态补偿激活分量，两个分量经激活分量融合单元共同作用获得肌肉激活量。

根据肌肉分层激活模型的快速性要求，首先，提出肌纤维长度信息计算方法；然后，提出肌肉牵张反射激活分量计算方法，计算当前状态下的肌肉牵张反射激活分量；接着，利用基于 CoM 反馈模型模拟姿态补偿的作用机制，获取姿态补偿激活分量；最后，根据获取的肌肉牵张反射激活分量和姿态补偿激活分量，提出了具有时变权重的加权融合算法，计算得到肌肉激活量。

针对信号传输与处理产生的时间延迟导致各通道输入信号与肌肉激活量不同步的问题，提出了肌肉分层激活模型中各通道的时间延迟估计方法，采用互相关函数，估计肌肉分层激活模型中各通道的时间延迟。为了使肌肉分层激活模型获取高精度的肌肉激活量，采用协方差矩阵优化策略（CMA-ES）对肌肉分层激活模型增益参数进行优化，实现肌肉分层激活模型增益参数的寻优。

构建了肌肉分层激活模型试验平台，验证所提出的人体直立平衡踝关节肌肉分层激活模型的准确性。通过试验结果数据分析，对肌肉分层激活模型的精度和通道的作用进行了评价。试验结果表明，与传统肌肉牵张反射模型相比，本书构建的肌肉分层激活模型具有较高的肌肉激活量估计精度，从 82% 提高到 93%；牵张反射通道在干扰初期起主要作用，姿态补偿通道在经历了较长时间延迟后作用增大。

（2）针对常用的双足机器人直立平衡控制方法灵活性和鲁棒性较差等问题，研究了基于踝关节肌肉驱动机制的直立平衡仿生控制方法。

以人体直立平衡踝关节肌肉分层激活模型为基础，模拟人体直立抗扰踝关节作用机制，提出了基于踝关节肌肉驱动机制的直立平衡仿生控制方法。首先，根据双足机器人踝关节角度和运动信息，模拟人体 PFM 和 DFM 的作用机制，构建虚拟肌肉激活模型（PFM 激活模型和 DFM 激活模型），分别获取 PFM 肌肉激活量和 DFM 肌肉激活量；然后，构建虚拟肌肉力学模型（PFM 和 DFM 肌肉力学模型），根据虚拟肌肉激活量计算产生的肌肉作用力；最后，构建踝关节驱动模型，根据肌肉作用力计算得到踝关节期望作用力矩。

构建了车载双足机器人直立平衡控制仿真试验平台，验证了提出的车载双足机器人直立平衡仿生控制方法的有效性和鲁棒性。结果显示，车载平台加速度设定为 0~1.5 m/s^2 时，车载双足机器人摆动范围为 0° ~5.3°，其直立平衡过程符合人体直立平衡过程。结果证明，提出的直立平衡仿生控制方法不但能完成车载双足机器人直立平衡控制任务，而且对于不同的车载平台加速度干扰具有很好的鲁棒性。

（3）针对不同工作任务下双足机器人负载大小的改变，影响直立平衡的实际控制效果的问题，研究了直立平衡自适应仿生控制方法。

以模糊插值推理算法为途径，自动更新直立平衡仿生控制方法中虚拟肌肉激活模型增益参数，提出了基于模糊插值推理的直立平衡自适应仿生控制方法。首先，根据双足机器人当前负载对应的 CoM 垂直高度和总质量，经过模糊插值推理运算，更新虚拟肌肉激活模型增益参数；然后，获取踝关节角度和车载平台运动信息，根据提出的直立平衡仿生控制方法，计算得到踝关节期望作用力矩。

借鉴教育学中的经验学习教学法，提出了基于经验学习的模糊插值推理算法，形成了模糊规则库“使用—反馈—更新”的闭环学习回路。当双足机器人负载发生变化时，通过模糊插值推理，更新直立平衡仿生控制方法中虚拟肌肉激活模型增益参数。提出了模糊规则库初始化方法、模糊插值推理方法和在决策反馈评估的支持下的模糊规则库更新方法，用于实现基于经验学习的模糊插值推理算法。

基于构建的车载双足机器人直立平衡控制仿真试验平台，完成了车载双足机器人直立平衡自适应仿生控制方法的仿真验证。试验结果表明，双足机器人负载为 0~2 kg 时，摆动范围 θ_r 为 4.45° ~4.8°，抗扰周期 T_c 保持在 4.4~6.2 s 的范围内，双足机器人表现出良好的直立平衡控制性能。所提出的车载双足机器人直立平衡自适应仿生控制方法在双足机器人工作过程中的各种负重变化时，都具备自适应控制能力。

（4）针对仿生控制方法中肌肉力学模型结构复杂且包含许多不易观测的变量，不利于其在双足机器人控制系统中推广应用的问题，研究了基于时变参数阻抗模型的直立平衡仿生控制。

时变参数阻抗模型的直立平衡仿生控制方法的原理为：首先，根据车载平台运动信息和双足机器人踝关节角度信息，通过构建踝关节阻抗模型，计算得到当前状态下双足机器人的踝关节抗扰力矩；然后，构建车载双足机器人倒立摆模型，计算踝关节动态作用力矩；最后，将踝关节抗扰力矩和踝关节动态作用力矩通过加权求和，计算得到踝关节期望作用力矩。

基于构建的车载双足机器人直立平衡控制仿真试验平台，完成了固定参数的阻抗模型和时变参数的阻抗模型双足机器人直立平衡对比仿真控制试验。结果显示，在车载平台 1.0 m/s^2 的加速干扰下，基于时变参数的阻抗抗模型直立平衡控制的抗扰周期为 4.0 s，摆动范围为 4.3°；基于固定参数的阻抗模型直立平衡控制的抗扰周期为 5.3 s，摆动范围为 4.8°。试验结果表明，这种阻抗参数时变调节的机制在避免复杂肌肉动力学模型参与的前提下，提高了双足机器人的直立平衡性能。

（5）为了进一步验证所提出的车载双足机器人直立平衡仿生控制方法的实际控制性能，完成了车载双足机器人样机平台的试验研究。

构建了车载双足机器人直立平衡控制试验平台，包括双足机器人样机结构设计、踝关节力矩控制环设计和双足机器人控制系统软件算法的实现，并完成了踝关节力矩跟踪试验。试验结果表明，踝关节力矩控制环的力矩跟踪精度达到了 98.7%。

提出了车载双足机器人直立平衡控制试验方案，完成了四种试验，并进行了直立平衡仿生控制方法和基于神经网络学习直立平衡控制方法的对比分析，验证了所提出的直立平衡仿生控制方法的控制效果。直立平衡仿生控制的抗扰周期为 3.6~4.4 s，摆动角为 2.8°~3.5°；基于固定参数的阻抗模型直立平衡仿生控制的抗扰周期为 3.4~4.4 s，摆动角为 3.4°~4.5°；基于时变参数的阻抗模型直立平衡仿生控制抗扰周期为2.6~3.6 s，摆动角为2.6°~3.6°。这表明：三种仿生控制方法均能满足车载双足机器人良好的直立平衡要求，且基于时变参数的阻抗模型直立平衡仿生控制方法效果最好。

综上所述，本书完成了人体直立平衡踝关节肌肉分层激活模型，提出了基于踝关节肌肉驱动机制的直立平衡仿生控制方法，并对其进行了改进和完善，提出了基于模糊插值推理的直立平衡自适应仿生控制方法和基于时变参数阻抗模型的直立平衡仿生控制方法，设计及研制了车载双足机器人直立平衡试验平台，完成了三种直立平衡仿生控制试验。试验研究结果表明：所提出的直立平衡仿生控制方法均有良好的双足机器人直立平衡控制性能，提高了车载双足机器人直立平衡控制的鲁棒性，并在双足机器人负载发生改变时，完成了自适应控制任务。本书的研究工作对提高车载双足机器人直立平衡控制性能、推动助力假肢和外骨骼设计等提供了理论支撑和技术基础。

7.1.2 本书创新点

本书采用仿生控制的思路，针对车载双足机器人运动控制中的重要问题“直立平衡踝关节控制策略”进行了深入研究。本书的创新点概括为如下四点。

创新点1：针对人体神经控制环路复杂，很难在双足机器人仿生控制中应用的问题，构建了人体直立平衡踝关节肌肉分层激活模型。该模型主要由肌肉牵张反射通道、姿态补偿通道和激活分量融合单元等组成，实现了从人体运动信息到踝关节肌肉激活量的估计，为双足机器人直立平衡仿生控制方法的研究奠定了基础。

创新点2：针对常用的双足机器人直立平衡控制方法灵活性、鲁棒性较差等问题，通过研究人体踝关节肌肉驱动机制，构建了虚拟肌肉激活模型、虚拟肌肉力学模型和踝关节驱动模型；在踝关节肌肉分层激活模型的基础上，提出了基于踝关节肌肉驱动机制的仿生控制方法，该控制方法提高了车载双足机器人直立平衡控制的鲁棒性。

创新点3：针对双足机器人在完成负重等任务时，负载发生变化，造成直立平衡控制性能降低的问题，提出了基于经验学习的模糊插值推理算法，用于更新虚拟肌肉激活模型的参数增益；提出了基于模糊插值推理的自适应仿生控制方法，实现了车载双足机器人工作过程负载发生变化时的直立平衡自适应控制的目的。

创新点 4：针对肌肉力学模型结构复杂且包含许多不易观测的变量，不利于其在双足机器人控制系统中推广应用的问题，提出了基于时变参数阻抗模型的直立平衡仿生控制方法。将双足机器人踝关节简化为二阶阻抗模型，计算得到当前状态下双足机器人的踝关节抗扰力矩；构建车载双足机器人倒立摆模型，计算踝关节动态作用力矩；踝关节抗扰力矩和踝关节动态作用力矩通过加权求和，计算得到踝关节期望作用力矩。基于时变参数阻抗模型的直立平衡仿生控制方法，解决了仿生控制方法中复杂的肌肉力学建模的问题。

7.2　未来工作展望

本书围绕车载双足机器人直立平衡踝关节仿生控制展开了深入研究，实现了既定的研究目标，但是仍然有相当多的工作值得进一步拓展。

（1）由于自主设计的双足机器人试验样机平台驱动器性能和传感器噪声精度限制，无法完成直立平衡自适应仿生控制验证。因此，优化设计双足机器人试验平台将是本研究向前推进的基础，如采用串联弹性驱动器（series elastic actuator，SEA）作为关节驱动器等。

（2）本书仅研究了车载双足机器人直立平衡的踝关节控制方法，仅能在小干扰下完成直立抗扰平衡任务，对于较大的干扰，髋关节和跨步抗扰策略将会是更好的解决方案。其研究也涉及很多难点，如髋关节抗扰策略研究中涉及与踝关节抗扰策略的组合抗扰作用，跨步抗扰策略涉及跨步幅度与跨步方向的问题。此外，还需进一步探讨本书提出的以肌肉分层激活模型为基础的仿生控制是否适用于髋关节的力矩估计等问题。

（3）本书进行的车载双足机器人的直立平衡仿生控制研究，设定环境为双足机器人站在水平的移动车载平台上，但是双足机器人的实际工作涉及各种复杂的环境，如倾斜平面、沙滩等柔性地面等，需更进一步研究复杂环境下的双足机器人直立平衡控制。其中一种研究思路为：检测双足机器人所处环境特征，如站立面倾角、接触面刚度等，将这些特征量添加进直立平衡控制方法的设计中去，完善双足机器人直立平衡控制。这将是更具挑战性且非常必要的研究工作。

参考文献

[1] LU Y，ZHA W. What Will Robots Be Like in the Future? [J]. National Science Review，2019，6（5）：1059-1061.

[2] 梶田秀司 . 仿人机器人 [M]. 管贻，译 . 北京：清华大学出版社，2007.

[3] HE W，GE W，LI Y，et al. Model Identification and Control Design for a Humanoid Robot [J]. IEEE Transactions on Systems，Man，and Cybernetics：Systems，2016，47（1）：45-57.

[4] YANCO H A，ADAM N，WILLARD O，et al. Analysis of Human-robot Interaction at the DARPA Robotics Challenge Trials [J]. Journal of Field Robotics，2015，32（3）：420-444.

[5] LI Z，ZHOU C，ZHU Q，et al. Humanoid Balancing Behavior Featured by Underactuated Foot Motion [J]. IEEE Transactions on Robotics，2017，33（2）：298-312.

[6] SHAFIEE-ASHTIANI M，YOUSEFI-KOMA A，SHARIAT-PANAHI M，et al. Push Recovery of a Humanoid Robot Based on Model Predictive Control and Capture Point [C]// 2016 4th International Conference on Robotics and Mechatronics （ICROM）. New York：IEEE，2016：433-438.

[7] 熊璐，杨兴，卓桂荣，等 . 无人驾驶车辆的运动控制发展现状综述 [J]. 机械工程学报，2020，56（10）：127-143.

[8] RANATUNGA I，LEWIS F L，POPA D O，et al. Adaptive Admittance Control for Human-Robot Interaction Using Model Reference Design and Adaptive Inverse Filtering [J]. IEEE Transactions on Control Systems Technology，2017，25（1）：278-285.

[9] TOKUR D，GRIMMER M，SEYFARTH A. Review of Balance Recovery in Response to External Perturbations During Daily Activities [J]. Human Movement Science，2020，69：102546.

[10] UEMURA M，HIRAI H. Standing and Stepping Control with Switching Rules for Bipedal Robots Based on Angular Momentum Around Ankle [J]. International Journal of Humanoid Robotics，2019，16（5）：1950022.

[11] HIRAI M U H. Standing and Stepping Control with Switching Rules for Bipedal Robots Based on Angular Momentum Around Ankle [J]. International Journal of Humanoid Robotics，2019，16（5）：1950022.

[12] DAFARRA S，ROMANO F，NORI F. Torque-controlled Stepping-strategy Push Recovery：Design and Implementation on the iCub Humanoid Robot [C]//ieee. 2016 IEEE-RAS 16th International Conference on Humanoid Robots（Humanoids）. New York：IEEE，2016：152-157.

[13] 曾超，杨辰光，李强，等. 人-机器人技能传递研究进展 [J]. 自动化学报，2019，45（10）：1813-1828.

[14] 刘义祥. 含有跖趾关节的气动肌肉驱动双足机器人研究 [D]. 哈尔滨：哈尔滨工业大学，2019.

[15] 田彦涛，孙中波，李宏，等. 动态双足机器人的控制与优化研究进展 [J]. 自动化学报，2016，42（8）：1142-1157.

[16] LIU G，CHEN M，CHEN Y. When Joggers Meet Robots：the Past，Present，and Future of Research on Humanoid Robots [J]. Bio-Design and Manufacturing，2019，2（2）：108-118.

[17] RUSSO M，CECCARELLI M. Dynamics of a Humanoid Robot with Parallel Architectures [C]// IFToMM World Congress on Mechanism and Machine Science. Cham：Springer，2019：1799-1808.

[18] SHIGEMI S，GOSWAMI A，VADAKKEPAT P. ASIMO and Humanoid Robot Research at Honda [M]. Humanoid Robotics：A reference. Springer，2019：55-90.

[19] KUINDERSMA S，DEITS R，FALLON M，et al. Optimization-based Locomotion Planning，Estimation，and Control Design for the Atlas Humanoid Robot [J]. Autonomous Robots，2015，40（3）：429-455.

[20] NELSON G，SAUNDERS A，PLAYTER R. The PETMAN and Atlas Robots at Boston Dynamics [M]. Humanoid Robotics：A Reference. Springer，2019：169-186.

[21] RADFORD N A，STRAWSER P，HAMBUCHEN K，et al. Valkyrie：NASA's First Bipedal Humanoid Robot [J]. Journal of Field Robotics，2015，32（3）：397–419.

[22] KIM D，AHN J，CAMPBELL O，et al. Investigations of a Robotic Test Bed with Viscoelastic Liquid Cooled Actuators [J]. IEEE/ASME Transactions on Mechatronics，2018，23（6）：2704–2714.

[23] COLLINS S H，WISSE M，RUINA A. A Three–Dimensional Passive–Dynamic Walking Robot with Two Legs and Knees [J]. The International Journal of Robotics Research，2001，20（7）：607–615.

[24] COLLINS S，RUINA A，TEDRAKE R，et al. Efficient Bipedal Robots Based on Passive–Dynamic Walkers [J]. Science，2005，307（5712）：1082–1085.

[25] 宋夙冕 . 双足机器人高效行走的自适应控制研究 [D]. 杭州：浙江大学，2018.

[26] HUBICKI C，GRIMES J，JONES M，et al. ATRIAS：Design and Validation of a Tether–free 3D–capable Spring–mass Bipedal Robot [J]. The International Journal of Robotics Research，2016，35（12）：1497–1521.

[27] XIE Z，BERSETH G，CLARY P，et al. Feedback Control for Cassie With Deep Reinforcement Learning [C]// 2018 International Conference on Intelligent Robots and Systems. Madrid，Spain：IEEE，2018：1241–1246.

[28] CAO B，GU Y，SUN K，et al. Development of HIT humanoid robot [C]// International Conference on Intelligent Robotics and Applications. Cham：Springer，2017：286–297.

[29] 张茂川，蔚伟，刘丽丽 . 仿人机器人理论研究综述 [J]. 机械设计与制造，2010（4）：166–168.

[30] 谭民，王硕 . 机器人技术研究进展 [J]. 自动化学报，2013，39（7）：963–972.

[31] GAN M，JUNYAO G，ZHANGGUO Y，et al. Development of a Socially Interactive System with Whole–Body Movements for BHR–4 [J]. International Journal of Social Robotics，2016，8（2）：183–192.

[32] YU Z，HUANG Q，MA G，et al. Design and Development of the Humanoid Robot BHR–5 [J]. Advances in Mechanical Engineering，2015，6：852937.

[33] 章逸丰，熊蓉 . 乒乓球机器人的视觉伺服系统 [J]. 中国科学（信息科学）2012，42（9）：1115–1129.

[34] 伊强，陈恳，刘莉，等 . 小型仿人机器人 THBIP– Ⅱ的研制与开发 [J]. 机器人，2009，31（6）：586–593.

[35] ZHU H，LUO M，MEI T，et al. Energy-efficient Bio-inspired Gait Planning and Control for Biped Robot Based on Human Locomotion Analysis [J]. Journal of Bionic Engineering，2016，13（2）：271-282.

[36] VUKOBRATOVIC M，MIHAILO PUPIN INSTITUTE B Y. On the Stahility of Biped Locomotion [J]. IEEE Transactions on Biomedical Engineering，1970，BME-17（1）：25-36.

[37] AL-SHUKA H F N，CORVES B，ZHU W H，et al. Multi-level Control of Zero-moment Point-based Humanoid Biped Robots: a Review [J]. Robotica，2016，34（11）：2440-2466.

[38] SHIN H K，KIM B K. Energy-efficient Reference Walking Trajectory Generation Using Allowable ZMP（Zero Moment Point）Region for Biped Robots [J]. Journal of Institute of Control，Robotics and Systems，2011，17（10）：1029-1036.

[39] VUKOBRATOVIC M，BOROVAC B，POTKONJAK V. ZMP：A Review of Some Basic Misunderstandings [J]. International Journal of Humanoid Robotics，2006，3（2）：153-175.

[40] SHAFIEE-ASHTIANI M，YOUSEFI-KOMA A，SHARIAT-PANAHI M，et al. Push Recovery of a Humanoid Robot Based on Model Predictive Control and Capture Point [C] //4th RSI International Conference on Robotics and Mechatronics. New York：IEEE，2016：433-438.

[41] JOE H，OH J. Balance Recovery Through Model Predictive Control Based on Capture Point Dynamics for Biped Walking Robot [J]. Robotics and Autonomous Systems，2018，105：1-10.

[42] MIOMIR V，BOROVAC B. Zero-Moment Point—Thirty Five Years of Its Life [J]. International Journal of Humanoid Robotics，2004，1（1）：157-173.

[43] AMRAN A C，UGURLU B，KAWAMURA A. Energy and Torque Efficient ZMP-based Bipedal Walking with Varying Center of Mass Height [C]//IEEE.201011th IEEE International Workshop on Advanced Motion Control（AMC）. New York：IEEE，2010：408-413.

[44] LIU Z，WANG L，CHEN C，et al. Energy-Efficiency-Based Gait Control System Architecture and Algorithm for Biped Robots [J]. IEEE Transactions on Systems Man and Cybernetics Part C-Applications and Reviews，2012，42（6）：926-933.

[45] YANG L，LIU Z，CHEN Y. Energy Efficient Walking Control for Biped Robots Using Interval type-2 Fuzzy Logic Systems and Optimized Iteration Algorithm [J]. ISA Transactions，2019，87：143–153.

[46] AZAD M，FEATHERSTONE R. Angular Momentum Based Balance Controller for An Under-actuated Planar Robot [J]. Autonomous Robots，2016，40（1）：93–107.

[47] 孙逸超．仿人机器人控制系统设计与姿态控制方法 [D]. 杭州：浙江大学，2014.

[48] LEE S，GOSWAMI A. A Momentum-based Balance Controller for Humanoid Robots on Non-level and Non-stationary Ground [J]. Autonomous Robots，2012，33（4）：399–414.

[49] LIU C，NING J，CHEN Q. Dynamic Walking Control of Humanoid Robots Combining Linear Inverted Pendulum Mode with Parameter Optimization [J]. International Journal of Advanced Robotic Systems，2018，15（1）：1–15.

[50] ELHASAIRI A，PECHEV A. Humanoid Robot Balance Control Using the Spherical Inverted Pendulum Mode[J]. Frontiers in Robotics and AI，2015，2：21.

[51] HINATA R，NENCHEV D N. Balance Stabilization with Angular Momentum Damping Derived from the Reaction Null-space[C]//IEEE. 2018 IEEE-RAS 18th International Conference on Humanoid Robots （Humanoids）. New York：IEEE，2018：188–195.

[52] LEE S，GOSWAMI A. Ground Reaction Force Control at Each Foot：A Momentum-based Humanoid Balance Controller for Non-level and Non-stationary Ground [C]// IEEE. 2010 IEEE/RSJ International Conference on Intelligent Robots and Systems. New York：IEEE，2010：3157–3162.

[53] KIM I，HAN Y，HONG Y. Stability Control for Dynamic Walking of Bipedal Robot with Real-time Capture Point Trajectory Optimization [J]. Journal of Interlligent & Robotic Systems，2019，96（3-4）：345–361.

[54] WIGHT D L，KUBICA E G，WANG D. Introduction of the Foot Placement Estimator：A Dynamic Measure of Balance for Bipedal Robotics [J]. Journal of Computational and Nonlinear Dynamics，2008，3（1）：82–93.

[55] YUN S，GOSWAMI A. Tripod fall：Concept and Experiments of a Novel Approach to Humanoid Robot Fall Damage Reduction [C]// 2014 IEEE International Conference on Robotics and Automation. New York：IEEE 2014：2799–2805.

[56] YANG C，JIANG Y，NA J，et al. Finite-Time Convergence Adaptive Fuzzy Control for Dual-Arm Robot with Unknown Kinematics and Dynamics [J]. IEEE Transactions on Fuzzy Systems，2019，27（3）：574-588.

[57] KOPITZSCH R M，CLEVER D，MOMBAUR K. Optimization-based Analysis of Push Recovery During Walking Motions to Support the Design of Rigid and Compliant Lower Limb Exoskeletons [J]. Advanced Robotics，2017，31（22）：1238-1252.

[58] YANG S，ZHANG W，WANG Y，et al. Fall-prediction Algorithm Using a Neural Network for Safety Enhancement of Elderly [C]//IEEE. 2013 CACS International Automatic Control Conference. New York：IEEE，2013：245-249.

[59] UGURLU B，DOPPMANN C，HAMAYA M，et al. Variable Ankle Stiffness Improves Balance Control：Experiments on a Bipedal Exoskeleton [J]. IEEE ASME Transactions on Mechatronics，2016，21（1）：79-87.

[60] RAJASEKARAN V，ARANDA J，CASALS A，et al. An Adaptive Control Strategy for Postural Stability Using a Wearable Robot [J]. Robotics and Autonomous Systems，2015，73：16-23.

[61] AFTAB Z，ROBERT T，WIEBER P. Balance Recovery Prediction with Multiple Strategies for Standing Humans [J]. Plos One，2016，11（3）：e151166.

[62] DE GROOTE F，ALLEN J L，TING L H. Contribution of Muscle Short-range Stiffness to Initial Changes in Joint Kinetics and Kinematics during Perturbations to Standing Balance：A Simulation Study [J]. Journal of Biomechanics，2017，55（complete）：71-77.

[63] TOKUR D，GRIMMER M，SEYFARTH A. Review of Balance Recovery in Response to External Perturbations during Daily Activities [J]. Human Movement Science，2020，69：102546.

[64] 庞牧野，李明闻，向馗，等. 人体直立平衡过程中踝关节的反射和阻抗控制 [J]. 华中科技大学学报（自然科学版），2017，45（10）：49-53.

[65] Pang M，Xu X，Tang B，et al. Evaluation of Calf Muscle Reflex Control in the "Ankle Strategy" during Upright Standing Push-Recovery [J]. Applied Sciences-Based, 2019, 9: 208510.

[66] GEYER H，HERR H. A Muscle-Reflex Model That Encodes Principles of Legged Mechanics Produces Human Walking Dynamics and Muscle Activities [J]. IEEE Transactions on Neural Systems and Rehabilitation Engineering，2010，18（3）：263-273.

[67] SONG S，DESAI R，GEYER H. Integration of an Adaptive Swing Control into a Neuromuscular Human Walking Model [C]. 35th Annual International Conference of the IEEE Engineering in Medicine and Biology Society，2013.

[68] THATTE N，GEYER H. Towards Local Reflexive Control of a Powered Transfemoral Prosthesis for Robust Amputee Push and Trip Recovery [C]// IEEE. 2014IEEE/RSJ International Conference on Intelligent Robots and Systems New York：IEEE. 2014：2069–2074.

[69] SONG S，DESAI R，GEYER H. Integration of an Adaptive Swing Control into a Neuromuscular Human Walking Model [C] // 35th Annual International Conference of the IEEE Engineering in Medicine and Biology Society，2013：4915–4918.

[70] SONG S，GEYER H. Regulating Speed in a Neuromuscular Human Running Model [C] // 15th International Conference on Humanoid Robots （Humanoids）. New York：IEEE，2015：217–222.

[71] HAEUFLE D F B，SCHMORTTE B，GEYER H，et al. The Benefit of Combining Neuronal Feedback and Feed–Forward Control for Robustness in Step Down Perturbations of Simulated Human Walking Depends on the Muscle Function [J]. Frontiers in Computational Neuroscience，2018，12：80.

[72] EILENBERG M F，GEYER H，HERR H. Control of a Powered Ankle–Foot Prosthesis Based on a Neuromuscular Model [J]. IEEE Transactions on Neural Systems and Rehabilitation Engineering，2010，18（2）：164–173.

[73] SONG S，GEYER H. Generalization of a Muscle–Reflex Control Model to 3D Walking [C] // 35th Annual International Conference of the IEEE Engineering in Medicine and Biology Society. New York：IEEE，2013：7463–7466..

[74] THATTE N，GEYER H. Toward Balance Recovery With Leg Prostheses Using Neuromuscular Model Control [J]. IEEE Transactions on Biomedical Engineering，2016，63（5）：904–913.

[75] MASANI K，VETTE A H，Popovic M R. Controlling Balance During Quiet Standing：Proportional and Derivative Controller Generates Preceding Motor Command to Body Sway Position Observed in Experiments [J]. Gait & Posture，2006，23（2）：164–172.

[76] WELCH T D J, TING L H. A Feedback Model Explains the Differential Scaling of Human Postural Responses to Perturbation Acceleration and Velocity [J]. Journal of Neurophysiology, 2009, 101（6）: 3294–3309.

[77] FITZPATRICK R, BURKE D, GANDEVIA S C. Loop Gain of Reflexes Controlling Human Standing Measured with the Use of Postural and Vestibular Disturbances [J]. Journal of Neurophysiology, 1996, 76（6）: 3994–4008.

[78] WELCH T D J, TING L H. A Feedback Model Reproduces Muscle Activity during Human Postural Responses to Support–surface Translations [J]. Journal of Neurophysiology, 2008, 99（2）: 1032–1038.

[79] WINTER D A, PATLA A E, RIETDYK S, et al. Ankle Muscle Stiffness in the Control of Balance During Quiet Standing [J]. Journal of Enurophysiolofy, 2001, 85（6）: 2630–2633.

[80] WINTER D A, PATLA A E, PRINCE F, et al. Stiffness Control of Balance in Quiet Standing [J]. Journal of Neurophysiology, 1998, 80（3）: 1211–1221.

[81] WINTER D A. Human Balance and Posture Control during Standing and Walking [J]. Gait & POSTURE, 1995, 3（4）: 193–214.

[82] POLLOCK A S, DURWARD B R, ROWE P J, et al. What is balance? [J]. Clinical Rehabilitation, 2000, 14（4）: 402–406.

[83] HOF A L, GAZENDAM M, SINKE W E. The Condition for Dynamic Stability [J]. Journal of Biomechanics, 2005, 38（1）: 1–8.

[84] CHIBA R, TAKAKUSAKI K, OTA J, et al. Human Upright Posture Control Models Based on Multisensory Inputs: in Fast and Slow Dynamics [J]. Neuroscience Research, 2016: 96–104.

[85] TAKEDA, H, TSUJIUCHI N, KOIZUMI T, et al. Development of Prosthetic Arm with Pneumatic Prosthetic Hand and Tendon–driven Wrist [C]//IEEE. 2009 Annual International Conference of the IEEE Engineering in Medicine and Biology Society.New York: IEEE, 2009: 5048–5051.

[86] VILLEGAS D, VAN D M, VANDERBORGHT B, et al. Third–generation Pleated Pneumatic Artificial Muscles for Robotic Applications: Development and Comparison with Mckibben Muscle [J]. Advanced Robotics, 2012, 26（11–112）: 1205–1227.

[87] WAGNER HEIKO，SIBERT T，ELLERBY D J，et al. ISOFIT：a Model-based Method to Measure Muscle-tendon Properties Simultaneously [J]. Biomechanics and Modeling in Mechanobiology，2005，4（1）：10-19.

[88] HAEUFLE D，GÜNTE M，BAYER A，et al. Hill-type Muscle Model with Serial Damping and Eccentric Force-velocity Relation [J]. Journal of Biomechanics，2014，47（6）：1531-1536.

[89] YIN K，CHEN J，XIANG K，et al. Artificial Human Balance Control by Calf Muscle Activation Modelling [J]. IEEE ACCESS，2020，8：86732-86744.

[90] 向馗，邱悦，庞牧野，等 . 基于肌肉反射控制的人体直立抗扰仿真研究 [J]. 华中科技大学学报（自然科学版），2018，46（12）：112-116.

[91] KANG M J，SHIN C S，YOO H H. Modeling of Stretch Reflex Activation Considering Muscle Type [J]. IEEE Transactions on Biomedical Engineering，2018，65（5）：980-988.

[92] WELCH T D J，TING L H. A Feedback Model Explains the Differential Scaling of Human Postural Responses to Perturbation Acceleration and Velocity [J]. Journal of Neurophysiology，2009，101（6）：3294-3309.

[93] PANG M，XU X，TANG B，et al. Evaluation of Calf Muscle Reflex Control in the 'Ankle Strategy' during Upright Standing Push-recovery [J]. Applied Sciences，2019，9（10）：2085.

[94] XIONG H，PENG J. Weighted multifractal cross-correlation analysis based on Shannon entropy [J].Communications in Nonlinear Science and Numerical Simulation，2016，30（1）：268-283.

[95] ZHAO X，SHANG P. Principal Component Analysis for Non-stationary Time Series Based on Detrended Cross-correlation Analysis [J]. Nonlinear Dynamics，2016，84（2）：1033-1044.

[96] BAJER L，PITRA Z，REPICKÝ J，et al. Gaussian Process Surrogate Models for the CMA Evolution Strategy[J]. Evolutionary computation，2019，27（4）：665-697.

[97] 胡冠宇，乔佩利 . 混沌协方差矩阵自适应进化策略优化算法 [J]. 吉林大学学报（工学版），2017，47（3）：937-943.

[98] MAKI A，SAKAMOTO N，AKIMOTO Y，et al. Application of optimal control theory based on the evolution strategy （CMA-ES） to automatic berthing[J]. Journal of Marine Science and Technology，2020，25（1）：221-233.

[99] 李焕哲，吴志健，汪慎文，等 . 协方差矩阵自适应演化策略学习机制综述 [J]. 电子学报，2017，45（1）：238-245.

[100] JIA Y H，ZHOU Y R，LIN Y，et al. A Distributed Cooperative Co-evolutionary CMA Evolution Strategy for *Gl*obal Optimization of Large-scale Overlapping Problems [J]. IEEE Access，2019，7：19821-19834.

[101] 杨胜飞 . 基于协方差矩阵自适应学习机制的多目标优化研究 [D]. 贵阳：贵州大学，2019.

[102] YIN K，PANG M，XIANG K，et al. Optimization Parameters of PID Controller for Powered Ankle-foot Prosthesis Based on CMA Evolution Strategy [C]//IEEE. 2018 IEEE 7th Data Driven Control and Learning Systems Conference （DDCLS）. New York：IEEE，2018：175-179.

[103] 王志强 . 站立康复功能辅助机器人系统的控制及其关键技术研究 [D]. 哈尔滨：哈尔滨工业大学，2014.

[104] HORN J C，MOHAMMADI A，HAMED K A，et al. Hybrid Zero Dynamics of Bipedal Robots Under Nonholonomic Virtual Constraints [J]. IEEE Control Systems Letters，2018，3（2）：386-391.

[105] GUPTA S，KUMAR A. A Brief Review of Dynamics and Control of Underactuated Biped Robots [J]. Advanced Robotics，2017，31（12）：607-623.

[106] FALLAHA C，SAAD M. Model-based Sliding Functions Design for Sliding Mode Robot Control [J]. International Journal of Modelling，Identification and Control，2018，30（1）：48-60.

[107] THURUTHEL T G，FALOTICO E，RENDA F，et al. Model-based Reinforcement Learning for Closed-loop Dynamic Control of Soft Robotic Manipulators [J]. IEEE Transactions on Robotics，2018，35（1）：124-134.

[108] 刘希，孙秀霞，刘树光，等 . 非线性增益递归滑模动态面自适应 NN 控制 [J]. 自动化学报，2014，40（10）：2193-2202.

[109] DELP S L，ANDERSON F C，ARNOLD A S，et al. OpenSim：Open-Source Software to Create and Analyze Dynamic Simulations of Movement [J]. IEEE

Transactions on Biomedical Engineering，2007，54（11）：1940–1950.

[110] MANSOURI M，REINBOLT J A. A Platform for Dynamic Simulation and Control of Movement Based on OpenSim and Matlab [J]. Journal of Biomechanics，2012，45（8）：1517–1521.

[111] SETH A，HICKS J L，UCHIDA T K，et al. OpenSim：Simulating Musculoskeletal Dynamics and Neuromuscular Control to Study Human and Animal Movement [J]. PLOS Computational Biology，2018，14（7）：e1006223.

[112] YIN K，XIANG K，PANG M，et al. Personalised Control of Robotic Ankle Exoskeleton through Experience–Based Adaptive Fuzzy Inference [J]. IEEE Access，201（7）：72221–72233.

[113] YANG L，CHAO F，SHEN Q. Generalized Adaptive Fuzzy Rule Interpolation[J]. IEEE Transactions on Fuzzy Systems，2017，25（4）：839–853.

[114] YANG L，SHEN Q. Adaptive Fuzzy Interpolation [J]. IEEE Transactions on Fuzzy Systems，2011，19（6）：1107–1126.

[115] HUANG Z，SHEN Q. Fuzzy Interpolation and Extrapolation：A Practical Approach[J]. IEEE Transactions on Fuzzy Systems，2008，16（1）：13–28.

[116] ZUO Z，LI J，YANG L. Curvature–Based Sparse Rule Base Generation for Fuzzy Interpolation Using Menger Curvature[C] //UK Workshop on Computational Intelligence. Cham：Springer，2019：53–65.

[117] SHEN Q，YANG L. Generalisation of Scale and Move Transformation–Based Fuzzy Interpolation [J]. Journal of Advanced Computational Intelligence and Intelligent Informatics，2011，15（3）：288–298.

[118] CHEN S J，CHEN S M. Fuzzy Risk Analysis Based on Similarity Measures of Generalized Fuzzy Numbers [J]. IEEE Transactions on Fuzzy Systems，2003，11（1）：45–56.

[119] ZHANG D，WEI B. A Review on Model Reference Adaptive Control of Robotic Manipulators [J]. Annual Reviews in Control，2017，43：188–198.

[120] 祁虔 . 自校正仿人智能控制器及其在等摆长倒立摆系统中的应用 [D]. 重庆：重庆大学，2017.

[121] HOGAN N. Impedance Control– An Approach to Manipulation. Ⅰ：Theory[J].Trans the Asme Journal of Dynamic Systens Measurement&Control，1985，107（1）：304–313.

[122] 赵敏 . 装配机器人作业过程控制系统应用与软件开发 [D]. 南京：东南大学，2016.

[123] LI Z，HUANG Z，HE W，et al. Adaptive Impedance control for an Upper Limb Robotic Exoskeleton using Biological Signals [J]. IEEE Transactions on Industrial Electronics.，2017，64（2）：1664–1674.

[124] SONG P，YU Y，ZHANG X. A Tutorial Survey and Comparison of Impedance Control on Robotic Manipulation [J]. Robotica，2019，37（5）：801–836.

[125] KRONANDER K，BILLARD A. Stability Considerations for Variable Impedance Control [J]. IEEE Transactions on Robotics，2016，32（5）：1298–1305.

[126] DUAN J，GAN Y，CHEN M，et al. Adaptive Variable Impedance Control for Dynamic Contact Force Tracking in Uncertain Environment [J]. Robotics and Autonomous Systems，2018，102：54–65.

[127] CAO Y，XIANG K，TANG B，et al. Design of Muscle Reflex Control for Upright Standing Push–recovery Based on a Series Elastic Robot Ankle Joint [J]. Frontiers in Neurorobotics，2020，14：20.

[128] LI Y，LI M，PANG M，et al. Analysis of Dynamics Properties of Ankle Joint During Pushforward Disturbance Rejection [C] //2016 IEEE International Conference on Information and Automation（ICIA）. New York：IEEE，2016：712–717.

[129] CAO Y，XIANG K，TANG B，et al. Design of Muscle Reflex Control for Upright Standing Push–recovery Based on a Series Elastic Robot Ankle Joint [J]. Frontiers in Neurorobotics，2020，14：20.

[130] LI Z，HUANG Z，HE W，et al. Adaptive Impedance Control for an Upper Limb Robotic Exoskeleton Using Biological Signals [J]. IEEE Transactions on Industrial Electronics，2017，64（2）：1664–1674.

[131] LI Z，WANG B，SUN F，et al. sEMG–Based Joint Force Control for an Upper–Limb Power–Assist Exoskeleton Robot [J]. IEEE Journal of Biomedical and Health Informatics，2014，18（3）：1043–1050.

[132] POPP W L，LAMBERCY O，MÜLLER C，et al. Effect of Handle Design on Movement Dynamics and Muscle Co–activation in a Wrist Flexion Task [J]. International Journal of Industrial Ergonomics，2016，56：170–180.

[133] Y KAI, XIANG K, CHEN J, et al. Design and Control of a Novel Two Different Stiffness Series Elastic Actuator [J]. Journal of the Chinese Society of Mechanical Engineers, 2019, 40（6）: 693–701.

[134] 陈泳锟，王元，苏为洲 . 鲁棒稳定性对最优二次型控制设计的约束 [J]. 控制理论与应用，2015，32（5）：591–597.

[135] 向馗，易畅，尹凯阳，等 . 一种踝关节行走助力外骨骼的设计 [J]. 华中科技大学学报（自然科学版），2015，43（S1）：367–371.

[136] 刘暾东，陆蒙，邵桂芳，等 . 机器人减速器传动误差建模与优化 [J]. 控制理论与应用，2020，37（1）：215–221.

[137] WAHRBURG A, BÖS J, LISTMANN K D, et al. Motor-current-based Estimation of Cartesian Contact Forces and Torques for Robotic Manipulators and Its Application to Force Control[J]. IEEE Transactions on Automation Science and Engineering, 2017, 15（2）: 879–886.

[138] PEI Y, KLEEMAN L. Mobile Robot Floor Classification Using Motor Current and Accelerometer Measurements [C]//IEEE. 2016 IEEE 14th International Workshop on Advanced Motion Control（AMC）. New York: IEEE, 2016: 545–552.

[139] AIVALIOTIS P, AIVALIOTIS S, GKOURNELOS C, et al. Power and Force Limiting on Industrial Robots for Human-robot Collaboration [J]. Robotics and Computer-Integrated Manufacturing, 2019, 59: 346–360.

[140] PARK C I L. Tooth Friction Force and Transmission Error of Spur Gears due to Sliding Friction [J]. Journal of Mechanical Science and Technology, 2019, 33（3）: 1311–1319.